KB253622

문예신서
268

위기의 식물

장 마리 펠트

이충건 옮김

東 文 選

위기의 식물

Jean-Marie Pelt

Plantes en péril

© Librairie Arthème Fayard, 1997

This edition was published by arrangement
with Librairie Arthème Fayard, Paris
through Shinwon Agency, Seoul

차 례

머리말을 대신하여

우리가 복원하려는 저 유적처럼 위협받고 있는 식물, **위기에 처한** 식물을 복원한다는 것은 정확히 무엇을 의미하는 것일까?

식물은 수확된 야채, 꺾여진 꽃, 짐승이 뜯어먹는 풀처럼 발육기에 이르자마자 죽음을 맞이하는 그런 것이 아니다. 식물은 성숙기가 되면 기계톱의 희생물로 쓰러지기도 한다. 그렇지 않으면 되풀이되는 수확에 지치고, 기생목(寄生木)에 의해 뿌리를 정복당한 늙은 사과나무처럼 자연스럽게 임종을 맞이하는 경우도 있다. 한마디로 식물은 모든 생명체에 공통적인 운명을 어느 정도는 공유한다. 즉 태어나고, 성장하고, 생식하고, 마침내는 죽는 그런 것이다.

모든 개체가 똑같은 운명을 공유한다고 가정한다면, 개체들이 속한 각각의 종(種)은 어떤 운명을 가질까? 그것들 또한 죽음을 면할 수 없는 것일까? 개양귀비, 데이지, 수레국화, 떡갈나무, 밤나무 등, 이 모든 것들이 영원히 멸종된 그런 세계를 상상할 수 있을까? 이 모든 종들이 소멸된 것으로 간주될 수밖에 없는 그런 세계 말이다. 이는 별로 일반적이지 못할 뿐만 아니라 조금은 황당한 개념일 것이다. 삶이라는 짧은 기간 동안, 그리고 인간의 기억에 남아 있는 한, 모든 개체들이 죽을 수밖에 없는 운명이라 해도 각각의 종은 그렇지 않아 보이기 때문이다. 종은 겹겹이 쌓인 지질학적 시간의 막대한 두께에 덧

붙여진 인간 실존의 지극히 짧은 시간만을 포괄하기 때문에 우리의 일반적인 시각은 허를 찔리고 만 것이다. 영원히 사라진 동물들의 수많은 화석이 이를 증언해 주고 있다. 그 중에서 공룡은 지금도 초원에서 풀을 뜯어먹고 있다고 우리가 착각할 정도로 친숙한 동물이다. 그러나 실제로 모든 공룡은 이미 6천5백만 년 전에 사라져 버렸다. 공룡은 지구를 우리가 계속해서 그 죽음을 목격하고 있는 개체들의 무덤으로 만들었을 뿐만 아니라, 수백만 년에 걸쳐 사라진 종들의 공동묘지로 만들었다.

최근의 화석학(化石學)은 우리에게 종(種)은 사라지지 않는다는 사실을 깨닫게 해주었다. 다른 종이 하나의 종을 대체하는 한에서 그러하다는 것이다. 다시 말해 생물학적 진화의 생식 리듬으로 하나의 종을 다른 종이 대체하게 된다는 것이다. 대부분의 종은 주기적인 대살육에 휩쓸려 소멸해 버렸다. 그 중에서 다섯 번의 대살육이 고생대 말기에 살고 있었던 종의 90퍼센트를 멸종시켰을 것으로 추정되는 거대한 규모로서 특별히 지질학자들의 주의를 끌었다. 마찬가지로 다른 한 번은 중생대에서 신생대로 넘어가는 과도기에 어마어마한 사태를 몰고 왔었을 그런 대살육이었는데, 바로 이때 공룡이 전멸당했다. 이렇듯 종들의 연대기는 순서가 정해져 있지 않을 정도로 카오스적이다. 이런 점에서 각각의 종을 구성하는 개체들 대부분에 대한 연대기라 할 만하겠다.

인류의 출현, 그리고 무제한적인 발육은 전례 없는 상황을 만들었다. 자연에 대한 인간의 억압이 강해질수록 소멸될 위협에 놓이는 종들의 수는 그만큼 많아진다. 요컨대 인간의 개입은 지질학적인 대재앙의 연속이며, 시간의 밤 속으로 엄습해 오는 대살육인 것이다.

자연보호국제연합(UICN)은 수십 년 전부터 야생동물보호기금

(WWF) 같은 특수 기구와의 협력 아래 지질현상표(地質現狀表)를 작성해 왔다. 수많은 나라에서 종(種)의 목록이 출간되었는데, 그 목록들을 보면 각 종은 현 상태에 따라 분류되어 있다. 예를 들어 소멸, 위기, 무방비 상태, 희귀, 위협 없음 등으로 표기되었다.

이 목록들을 참조해 보면, 식물군의 분포 정도가 세계 각 지역에 따라 괄목할 만큼 가지각색임이 드러난다. 온대 지방, 지중해성 기후(지중해 연안, 남아프리카, 오스트레일리아, 캘리포니아), 그리고 회귀선 내의 열대 지방 같은 몇몇 섬에서는 훨씬 많은 식물군이 분포한다. 이 중에서 열대 식물군이 가장 풍부하고 가장 다양하다. 파나마 해협에 있는 초미니 섬 바로콜로라도에는 1천5백60헥타르에 1천3백69종이 있는데, 이는 대영 제국 전체에 분포한 종과 맞먹는 수치로 최고 기록이라 할 수 있다. 대영 제국은 이와는 다른 기록을 세우고 있는데, 식물학자와 식견 있는 식물 애호가의 수가 바로 그것이다. 대영 제국은 그야말로 세계에서 가장 식물학적인 나라이다. 이와 반대로 열대 식물군은 잘 알려져 있지 않다. 수많은 나라가 열대 지방에 속해 있는데도 전문가의 수가 극히 적기 때문이다. 기껏해야 볼리비아에서 1만 8천 종(추정), 콜롬비아에서 4만 5천 종(추정)이 보고되어 있다. 프랑스의 식물군이 이보다 10배는 더 알려져 있다. 그런데 보고되어진 식물의 3분의 2가 바로 그런 지역에 분포되어 있다. 라틴아메리카에 절반, 그리고 구대륙에 다른 절반이 분포해 있는 것이다.

1985년 일단의 전문가들은 현재의 소멸 리듬이 계속된다면 25만 종의 고등 식물 중에 6만 종이 2050년에 멸종할 것이라고 전망했다. 이러한 소멸 리듬은 6천5백만 년 전 이래 유일무이하다. 그리하여 식물종의 4분의 1이 수많은 공격을 받고 소멸되어 버릴 것이다.

식물에 대한 공격의 예를 대략적으로 들어 보면 다음과 같다. 과잉 방목은 특히 건조 지대와 가축이 도입되어 번식되었던 섬에서 현저하게 나타난다. 살충제와 기타 화학 물질의 사용, 불이나 기계톱을 이용한 숲의 파괴, 농지나 산림에서 단작(單作)의 일반화 경향, 수력 발전을 위한 댐의 건설, 배수와 수질 오염, 공업화·도시화를 위한 파괴, 탄광과 채석장 개발, 도로·철도 건설, 연안 지방이나 산에서 벌어지는 관광 개발, 산악 운송 수단이 야기한 피해, 제약·화장품 제조를 위한 견본 식물의 수확, 원예를 목적으로 한 뿌리줄기나 알뿌리의 수확 등이 식물을 위협하고 있다. 뿐만 아니라 최소 개체수 이하로 모든 자생 능력을 상실하는 식물군 쇠락의 자연적 결과도 간과할 수 없다.

　실생활에서 가장 즉각적인 위협을 간파하기란 언제나 쉬운 일은 아니다. 여러 가지 요인이 아주 빈번하게 식물군을 파멸에 빠트리기 위해 한꺼번에 공모에 가담하기 때문이다. 위기에 직면한 식물에 대한 이번 세계 여행에서는 가장 의미 있고 가장 설득력 있는 표본을 선택했다. 그리고 종을 식별하는 데 있어 필수 불가결한 라틴어 명사의 사용은 어느 정도 독자를 혼란스럽게 할 수밖에 없을 것이다. 따라서 라틴어 명사는 체계적으로 페이지 아래 주석을 통해 명기될 것이다.

　결코 이 책이 완벽한 목록이 되기를 바라지는 않는다. 단지 이 시대가 직면한 심각한 생태계의 문제에 주의를 모아 보고자 한다. 생명의 다양성을 존속시키는 것, 다시 말해서 우리 지구에 분포한 종들의 풍요로운 다양성을 존속시키는 데에 관심을 가져 보자는 것이다.

1
인터넷 횡단

위기에 처한 나무가 있다면, 우선 가장 오래된 나무들을 찾는 것이 적합할 것이다.

나무가 오래되면 오래된 것일수록 남은 생명에 대한 희망은 현저하게 약화되기 마련이기 때문이다. 그러나 살아 있는 아주 오래된 나무가 아직 젊은 종에 속할 수 있는 가능성도 배제할 수 없다. 따라서 우리는 쇠퇴종의 운명을 답사하기 전에 가장 노쇠한 나무들을 찾아나서기로 했다.

세계에서 가장 오래된 나무는 어떤 것일까? 그 나무는 몇 살이나 되었을까? 그 나무는 언제부터 장수 기록을 보유하고 있는 걸까?

이런 의문에 답하기 위해 우리는 세계의 과학 문헌을 꼼꼼히 살펴보았다. 또한 우리는 넘칠 정도로 많은 참고 자료를 보유한 **인터넷**진을 '횡단' 했다.

나무의 장수에 관한 최고 기록은 계속 이어져 내려오다가 새로운 기록이 나옴에 따라 경신되었다. 그러나 지나친 낙천주의자들에 의해 내려진 첫 평가는 다시금 문제삼지 않을 수 없다. 마찬가지로 많은 참고 자료에 근거했지만, 오래전 출판된 최고 기록 관련 서적의 정보는 신중하게 받아들여져야 마땅하다.

모든 종을 통틀어 기록 중의 기록은 오스트레일리아에서 자라는 월계수 형태의 소관목 마크로자미아(Macrozamia)가 보유하고 있는 것으로 알려져 있다. 극도로 늦은 이 식물의 발육은 지역 식물학자들로 하여금 몇몇 표본의 수령을 1만2천 년으로 추정하게 만들었다. 이렇게 해서 마크로자미아가 모든 생명체 중에서 가장 장수하는——그 사실 여부가 논란이 된다고 할지라도——절대 기록의 보유자가 되기에 이르렀다. 그러나 나무의 나이를 추정하기 위한 연대 측정 방법이 심각한 오류를 범하였다는 사실이 드러나게 되었다.

가정되어진, 말 그대로 임시적인 마크로자미아의 세계 기록은 20세기 중반으로 거슬러 올라간다. 그 이전 기록은 18,9세기부터 시작된다. 1799년 독일의 위대한 탐험가이자 식물학자인 알렉산더 폰 훔볼트는, 카나리아 제도의 거대한 드래곤 트리(Dragon tree, 용혈수)[1]를 보고서 깜짝 놀라지 않을 수 없었다. 훔볼트는 그 거대한 나무들 가까이로 다가갔는데, 각각이 수령 8천 년은 된 드라카이나(Dracaena)의 거대한 다발과 흡사했다. 그러나 이 기록은 이후 폭넓은 범위로 낮추어졌다. 예를 들어 카나리아 제도 테네리페 섬의 아이코드에 분포하는 드래곤 트리에게는 오늘날 수령 2천여 년만이 부여될 뿐이다.

마찬가지로 바오밥나무(Baobab)의 영광의 시간도 19세기였다. 로베르 부르뒤[2]는 1749년 베르데 곶의 외양(外洋)에 있는 마그들렌 섬을 방문했던 프랑스 식물학자 아당송의 첫번째 관찰에 대한 보고서를 작성했다. 아당송은 그곳에서 두 그루의 거대한 바오밥나무를 발

---

1) *Dracaena draco*, Agavacées.
2) 로베르 부르뒤, 《지상(至上)의 나무들》, **Du May**, 1988.

견하였는데, 껍질엔 이미 그 나무들을 15,6세기에 발견했던 유럽인 선원들의 이름이 새겨져 있었다. 이때부터 아당송은 학술적인 계산에 몰두했고, 보다 어린 개체를 이 두 고목과 비교하면서 연간 평균 성장을 추정했다. 그리고 마침내 오늘날엔 사라져 버린 이 두 바오밥나무에 수령 5천1백50년을 부여하기에 이르렀다. 따라서 이는 18세기에 나무들의 장수와 관련된 가정되어진 최고 기록인 것이다.

아당송의 연대 추정은 스코틀랜드의 탐험가이자 선교사인 리빙스턴의 강력한 반발을 불러일으켰다. 리빙스턴은 《성서》에 대한 학문적 독서에서 출발하여 노아의 대홍수를 기원전 4004년으로 추정했었다. 바오밥나무가 노아의 대홍수 이전부터 있었다면 어떻게 휩쓸려 가지 않을 수 있었단 말인가? 똑같은 가설을 인정할 수 없었던 독실한 리빙스턴은 바오밥나무에 수령 4천 년을 부여했다. 그 사이에 두 그루의 바오밥나무는 사라져 버렸고, 다른 보다 유명한 견본에서——리빙스턴이 짐바브웨의 시람바에서 발견한——출발하여 설정된 보다 최근의, 그리고 보다 믿을 만한 측정은 두 그루의 바오밥나무가 수령 2천 년을 넘지 않았다는 것을 보여주었다.

이렇게 해서 바오밥나무와 관련된 18세기의 기록, 카나리아 제도의 드래곤 트리에 그 영광이 돌아간 19세기의 기록, 그리고 마크로자미아에 수여된 20세기의 기록 중의 하나는 연속적으로 무너져 내리고 말았다.

이제 캘리포니아의 세쿼이아(Sequoia)가 무대에 오를 차례이다. 식물학자들은 세쿼이아가 가장 거대한 만큼 가장 오래되었음에 틀림없을 거라고 생각해 왔다. 그리하여 그 수령을 4천 년으로 추정하였으나, 이 기록 또한 먼저 3천5백 년, 이어 2천5백 년을 거치는 수정을 통해 낮추어져야 했다. 이 무렵 칠레의 안데스 산맥에 분포하는 거대한 사이프러스(Cypress)[3]가 종류에 따라 수령 3천에서 4천 년으로 세쿼이아보다 훨씬 오래된 것으로 추정되기도 하였다. 그리고 수령 3천 년은 레바논 시다(Cedar libani, 레바논 삼나무)[4]에게 있어서 최대치 장수 기록이기도 하다. 아직도 터키 남부의 토로스 산맥에서 아주 오래된 표본을 발견할 수가 있다. 토로스 산맥의 레바논 시다들은 예루살렘 성전을 건축하기 위해 숲에 막대한 피해를 입힌 솔로몬과 동시대의 것들로서, 성전의 모든 목재로 그 삼나무들이 쓰였던 것이다.[5]

그리고 또 멕시코의 오악사카에 근접한 산타마리아 데 툴라에서 생장하는 아주 수수께끼 같은 볼드 사이프러스(Bald cypress, 낙우송)[6]가 남는다. 마을 중심에 있는 성당 광장에서 자라는 지나치게 뚱뚱한 이 나무의 줄기는 지름이 약 40미터에 달한다. 학교의 모든 어린이들이 손을 맞잡아도 나무 둘레에 원을 그리기에 충분치 않을 정도라니…! 이 낙우송이 의심의 여지없이 줄기가 가장 굵은 나무의 세계 기록을 보유한다면, 이제 우리는 이 나무의 나이를 의심하지 않을 수 없게 된다. '자이언트(El gigante)'——지역 주민들이 나무에 부여한 이름——는 앞서 수령 1만 년으로 추정되었다. 그러나 이 나무의 나이는 결코 알 수 없는 것이었다. 왜냐하면 나무줄기가 여러 그루의 나무나 여러 가지들이 융합된 결과로 보이기 때문이다. 사실 이 나무에는 여러 개의 고갱이가 있는데, 이는 나이테의 수에 근거한 모든 측정을 불가능하게 만드는 것이다. 현재 이 나무의 수령은 1천5백에서

---

3) *Fitzroya cupressoïdes*. Cupressacées.

4) *Cedrus libani*. Pinaceae.

5) 이 주제에 대해서는 나의 책 《어떤 생태학자의 세계 일주》(Fayard, 1989)를 참조하기 바란다.

6) *Taxodium mucronatum*. Taxodiacées.

4천 년 사이를 왔다갔다하는 실정이다.

또 다른 기록이 우리를 기다린다. 그것은 그 '호적 등본'으로 정확하게 연대가 측정된 가장 늙은 나무의 기록이다. 실론 섬의 아누라다푸라에서 생장하는 반얀나무(Banyan tree, 벵골보리수)가 바로 기록의 보유자이다. 이 나무는 기원전 268년경 인도에서 건너온 것으로서, 꺾꽂이하여 심은 것이 자라 그 가지에서 많은 공기뿌리〔氣根〕가 땅으로 뻗어내려 한 그루의 나무가 넓은 지역을 차지하고 있다.

그러나 수령 4천 년의 경계가 캘리포니아 소나무에 의해 무너지려면 20세기 후반기를 기다려야만 했다. 캘리포니아 소나무는 최근엔 번외에 머물러 있을는지 모르지만 확실히 모든 범주를 통틀어 최장수 나무의 기록 보유자가 되고 있다.

2

세계 최장수 나무

아메리카는 기록의 땅이다. 그곳의 자연은 다른 어떤 곳보다 훌륭하고 아름답다. 적어도 아메리카 스스로 그렇게 믿고, 또 그렇게 단언하고 있으니 말이다! 이는 아메리카 중의 아메리카, 캘리포니아를 두고 하는 말인가?

캘리포니아에서는 침엽수림이 우리를 기다린다. 이번에는 소나무 숲이다. 소나무 숲이 우리를 기다린다고 과장하는 것은 전혀 무리가 아닐 것이다. 사실 그곳의 나무들은 아주 오래전부터 우리를 기다리고 있기 때문이다. 실제로 그 나무들에는 두 가지 특권이 있다. 그 한 가지는 예외적인 장수 기록을 표명할 특권이며, 다른 한 가지는 죽음 후 수천 년 동안 생명체의 일반적 운명인 분해와 부패 과정을 겪지 않은 채 송진에 의해 거의 미라가 되어 불멸할 수 있었던 특권이다.

백인이 태평양 연안에 다다르기 훨씬 이전에, 이미 그곳의 인디언인 파이우트족이 캘리포니아와 네바다의 끝에서 끝을 돌아다니고 있었다. 사슴과 야생 양을 사냥하던 그들은 생존의 필수 요소인 솔방울을 채집했다. 북남향으로 펼쳐진 해발 4천3백42미터의 화이트 산맥 백운석(白雲石) 지대에서 그들의 채집이 이루어졌다. 1970년 식물학자들이 이 소나무에 '장수 소나무'[1]라는 이름을 붙였지만, 일상적으로는 브리슬콘 파인(Bristlecone Pine)이라 지칭된다. 이는 송곳처럼 솔방울 껍질이 길고 가느다라며 뾰족하게 곤두선 모습을 연상시키는 명칭이다.

이 소나무가 캘리포니아 세쿼이아에 의해 굳건히 보유되어 왔던 최장수 기록을 무너뜨리기 위해서는 1954-55년을 기다려야만 했다. 이때부터 세쿼이아는 높이·중량·지름의 기록에 만족해야만 했다. 브리슬콘 파인이 세계 기록 보유 나무 목록에 선정된 것은 애리조나 대학교의 연구가 에드먼드 슐먼의 공로이다.

슐먼은 가로로 자른 줄기나 기타 채취물로 나무의 나이테를 분석하여 그 수령을 추정하는 기술에 대단한 수완을 발휘하였다. 사실 그 기술의 원칙은 나이테를 분석하는 것뿐만 아니라 각각의 나이테를 서로 비교하는 데 있다. 적어도 두 계절을 구분하기가 용이하며, 또 그러한 이유로 생장이 불연속적인 온대 지방에서 각 나이테는 1년의 생장과 일치하는 것이다. 가장 두꺼운 나이테는 생장에 알맞은 기후인 보다 습한 연도에 일치한다. 당연히 얇은 나이테는 이와 반대로 생장에 불리한 건조한 계절에 일치하게 되는 것이다. 물론 연속적인 나이테의 관찰과 분석에 의해 나무의 생장에 대한 그래프를 그리는 이와 같은 기술은 열대 지방에서는 유효하지 못하다. 열대 지방에서는 나무의 생장이 연속적이고, 또한 줄기에 나이테가 전혀 나타나지 않기 때문이다. 마찬가지로 생장 방식이 다양한, 예컨대 야자나무류(Palm)처럼 나이테를 형성하지 않아 연대 측정이 어려운 나무들에 있어서도 이와 같은 기술은 유효하지 못하다. 아마도 같은 이유로 우리

---

1) *Pinus longaeva, Pinaceae.*

는 카나리아 제도 테네리페 섬의 이코드에서 생장하는 1천여 년 된 드레곤 트리(용혈수)의 정확한 수령을 결코 측정할 수 없을 것이다.

어쨌든 나무의 연륜(年輪, 나이테) 분석을 통해 연대를 추정하는 과학 분야인 연륜연대학(年輪年代學, dendrochronology)이 나무의 나이와 그 생장에 영향을 미치는 기후의 변화를 정확히 추정하는 절대적으로 귀중한 연구 방법으로 세계대전 이후 등장하게 되었다.

슐먼은 지속적으로 떠도는 소문에 귀를 기울였던 듯하다. 그리하여 1953년 화이트 산맥에 머물렀고, 그곳에서 아주 오래된 나무를 발견하게 된 것이다. 그 지름이 10.9미터에 달하는 굉장한 표본이었는데, 그 지방 주민들은 '족장(Patriarch)'이라 이름지어 부르고 있었다. 나무의 일부가 채취되었고, 곧 나이가 밝혀졌으니, 무려 1천5백 년이었다! 이는 그때까지 슐먼이 연구한 다른 종의 소나무에 비해 훨씬 중대한 감탄할 만한 나이였던 것이다. 그리하여 그는 이 브리슬콘 파인의 영토에 자신의 다음 사명을 할애하기로 결심하게 되었다.

1954-55년, 2년에 걸친 탐구는 캘리포니아와 콜로라도 사이에 집중되었다. 우리의 탐구자 슐먼은 3천-3천5백 미터 사이의 해발에서 가장 오래된 나무군을 발견했다. 이 나무들은 아주 특이한 구조로 이루어져 있었다. 즉 나무줄기에 껍질이 벗겨진 죽은 나무의 넓다란 표층이 드러나 있었던 것이다. 살아 있는 껍질은 오직 가느다란 띠 모양으로 존속하고 있었다. 간단히 말해서 거의 벌거벗은 이 나무줄기는 껍질의 대부분이 땅에 흩어져 있는 유칼립투스(eucalyptus)의 줄기와 흡사했다. 물을 잘 흡수하지 못한 채 껍질 부족 때문에 소나무는 살아 있는 가지가 몇 개 있을 뿐이고, 나머지 가지는 해골 상태로 남아 있다.

가장 극단적인 조건 속에서 매우 낮은 습도라도 혜택을 입은 토양 위에 자라나는 나무들이 사실상 가장 오래되었다는 사실이 곧 밝혀졌다. 많은 표본이 3천에서 4천 년으로 판명되었다. 4천 년이 넘은 첫번째 나무에 '파인 알파(pine alpha)'라는 이름이 붙여졌다.

2년 뒤인 1957년, 4천7백23년이나 된 나무 한 그루가 발견되었고, 그 나무는 노아의 홍수 이전 유대 족장이었던 '므두셀라(Mathu-salem)'라는 명칭을 갖게 되었다. 이 기록은 아직 깨지지 않고 있다. 따라서 므두셀라는 오늘날 이 지구상에 알려진 살아 있는 가장 오래된 나무가 되는 것이다.

슐먼이 이 소나무들의 나이에 극도로 감동받은 것으로 알려져 있다. 그러나 그는 이 소나무들의 놀라운 장수 기록을 부러워할 수 있는 기회가 전혀 없었다. 슐먼 자신이 49세의 나이에 심장마비로 명을 달리했기 때문이다. 같은 해에 미국 산림청이 그를 추모하여 보호 구역을 설정했다.

슐먼의 토양 관찰과 연륜연대학적 탐구, 그것은 많은 반향을 불러일으켰다.

첫번째는 가장 오래된 나무가 당연히 가장 덩치가 크다라는 고정 관념을 신뢰하는 것이 적절치 않다는 사실이다. 이로부터 모든 브리슬콘 파인종(種)의 나이 평균치, 즉 1천5백 년 된 족장님 시대에 공인된 사실이 단순한 예언자의 흥분에 지나지 않게 되었다. 족장님은 살이 포동포동하고 매우 푸르른 한 그루의 나무일 뿐이다. 이러한 사실은 나무라는 종에 적용되는 하나의 규칙을 명시하는 것처럼 보인다. 그 규칙에 따르면 가장 거대한 나무가 가장 나이를 많이 먹은 것은 아니라는 사실이다. 인간이라는 종의 경우를 보면, 장수 기록은——유럽의 경우——크레타 섬의 초췌하고, 종교적 전통이 강한 농부가 보유하고 있는 것 같다. 장수 기록에 비만은 있을 수 없는 것이다. 올리브유와 야자유가 비중 있는 역할을 담당하는 전형적인 지중해식 식이요법이 크레타 섬 농부의 장수 기록에 영향을 미친 것은 틀림없는 사실이다. 마찬가지로 가장 오래된 장수 소나무(Pinus longaeva)도 외형상 나이가 확연히 드러난다. 장수 소나무는 곱사등에 해쓱한데다가 앙상하고 어딘가 불균형하며, 류머티즘까지 앓고 있는 것처럼 보인다. 1천 년도 더 된 이 소나무들과 벽으로 둘러싸이지 않는다면 완전한 침묵 상태로 벤치에 앉아 하루 종일 평온히 잡담을 나누는 지중해 연안 '노인들' 사이의 외형상의 유사함은 얼마나 놀라운 것인가!

화이트 산맥의 절벽 위에서 이 소나무들의 삶은 적응력의 완벽한 성공, 즉 생명체와 주변 환경 사이의 행복한 균형을 조명해 준다. 이 소나무들이 자라는 해발——3천 미터 이상——에서는 태평양에서부터 떠내려온 습한 바람이 연안과 동쪽 너머, 그러니까 시에라 네바다 산맥이라는 두 장벽에 막혀 이미 이상할 정도로 건조해진다. 화이트 산맥은 넘어야 할 세번째 장벽이다. 비를 동반한 저기압성이 화이트 산맥에 막혀 이상하리만큼 1년에 30센티미터 이하의 강우량으로 메말라 버리는 것이다. 게다가 저기압성의 비가 되는 대부분의 원천은 겨울이 되면 눈의 형태로 나타난다. 특히 공기의 극단적 건조함의 정도는 전 세계를 통틀어 거의 기록이 되는 특징을 보여준다. 아주 적은 강수량, 빈약한 공기 습도, 극도로 빈곤한 토양, 이러한 조건 속에서 박테리아, 균사체, 낮과 밤 사이의 큰 기온차 같은 관례적인 분해자들의 부재, 이 모든 것이 극단적인 조건 속에 있는 이 자생지를 삶의 성역으로——뿐만 아니라 우리가 그곳에서 수많은 말라붙은 나무, 아직 우뚝 솟아 있거나 이미 넘어진 나무들을 보게 되는 만큼 죽음의 성역으로——만들기 위해 같은 목표로 향하게 되는 것이다.

바로 이 나무들이 이번엔 연륜연대학의 대상에 들어가게 되었다.

그러나 이번 경우에는 살아 있는 나무들에서 조사된 나이테의 계열을 죽은 나무들의 절단부나 채취물에서 나타나는 계열과 일치시키는 데 성공해야만 한다. 좁든지 넓든지 간에 이 소나무들의 나이테는 정확하게 똑같은 순서로 배열되어 있고, 꼿꼿하게 서 있는 나무나 이미 드러누운 나무 모두가 공동으로 살아온 세월에 일치하고 있다. 한마디로 말해 나이테의 계열이 두 종류의 나무 모두에 공통적이라는 것이다. 따라서 하나의 나이테 계열이 '일치점'을 형성하게 되는 것이다. 이 일치점이 구해질 때, 죽은 나무의 나이테는 살아 있는 나무의 나이테 연속체에 등록하게 된다. 이렇게 해서 우리는 캘리포니아의 오래전 기후 변화를 평가하기 위해 보다 먼 시간으로 거슬러 올라갈 수 있게 되었다. 이러한 시도는 현재 기원전 9천 년 전까지 가능하다. 아직 다루어지지 않은 죽은 나무를 고려에 넣었을 때 우리는 기원전 1만 년, 다시 말해서 빙하기 후의 시대로 즉각 거슬러 올라갈 수 있다. 그 시대에 기후가 중대한 변형을 거쳤는데, 나무의 연대 추정이 그러한 기후 변화를 이해하고 설명할 수 있도록 해주는 것이다.

신기하게도 화이트 산맥에서의 가혹한 생활 조건은 사실상 다른 모든 식물군을 제거하고 있다. 풀도 소관목도 없는, 침엽으로 덮여 있는 토양은 벌거벗은 상태이다. 소나무들이 거의 순수한 식물군을 형성하고 있는데, 이는 생태학에서 매우 드문 경우에 속한다.

그러나 브리슬콘 파인의 역사는 그곳에서 멈추지 않았음에 틀림이 없다. 네바다와 캘리포니아의 자연 경계선인 화이트 산맥의 정반대 위치에, 스네이크 초원 지대에 휠러 피크 산맥이 있다. 이 산맥은 최고 3천8백91미터에 달하며, 네바다와 유타의 경계선을 그린다. 이곳에도 마찬가지로 브리슬콘 파인의 대규모 자생지가 분포하고 있다. 이곳의 브리슬콘 파인은 1957년, 즉 슐먼이 화이트 산맥의 늙은 소나무를 발견한 그때까지 과학자들의 호기심을 전혀 끌지 못했다. 이때 네바다 주정부가 나섰다. 국립공원 창설을 준비하기 위해 보호 정책을 실행했던 것이다. 산림관리인 다윈 램버트는 스스로가 그 전망을 예측하고 있던 브리슬콘 파인 자생지에 대한 연구를 위해 주정부와 대학으로부터 예산을 확보하려고 많은 노력을 펼쳤다. 램버트는 특별히 인상적인 나무들을 발견했고, 그 나무들에 '붓다' '소크라테스' 프로메테우스' 등의 이름을 붙여 주었다.

다윈 램버트와 그의 동료들은 여러 가지 역경을 겪어야 했지만, 그렇다고 해서 절망하지는 않았다. 바로 이 시기에 놀라운 에피소드가 일어났다. 이는 오직 미국인들만이 종종 우리에게 이야기해 주는 것이다. 램버트는 우연히 일반 대중뿐만 아니라 산림 보존 계층에도 알려지지 않았던 어떤 이야기를 듣게 되었다. 1964년 휠러 피크의 빙하를 다른 연구자들과 함께 탐구하던 한 젊은 지리학자가 브리슬콘 파인 자생지에 호기심이 끌렸다. 그는 나무줄기 속에서 채취물을 얻어냈고, 이어 4천 년 이상의 표본을 발견했다. 발견에 뒤따르는 일상적인 흥분 상태에서 연구자들은 부주의로 채취물을 깨뜨리고 말았다. 계절이 지나갔고, 그들은 미국 산림청에 문제가 되고 있는 바로 그 나무를 베어 버릴 수 있도록 허가해 줄 것을 요청한다는 우스꽝스러운 생각에 이르렀다. 그런데 그 나무가 바로 프로메테우스였던 것이다. 이렇게 해서 쓰러진 나무는 4천8백44개의 나이테를 드러냈고, 따라서 그 숫자만큼이나 오래된……. 한마디로 말해서 이 젊은 학자는 세계에서 가장 오래된 나무를 죽음으로 몰아넣는 데 성공했던 것이다. 연륜연대학자들이 4천9백50년으로 추정하는 한 그루의 나무를…….

'프로메테우스'의 죽음에 대한 소식이 미국 전역에 퍼지기까지는

어느 정도의 시간이 필요했다. 이 소식은 이때부터 미국 산림청으로
하여금 브리슬콘 파인의 보존에 대한 지대한 관심을 끌게 되었다.
과학자들은 특히 고목에 대한 관심을 자각하게 되었는데, 고목은 수
천 년 동안 죽은 상태로 머물러 있을 수 있기 때문이다. 즉 과학자들
은 고목에서도 살아 있는 나무와 동등한 가치를 인식했던 것이다. 불
운한 '프로메테우스' 에 관해 살펴보자면, 그 나무는 다른 늙은 나무
들에 대한 구명 운동을 위한 투쟁의 시발점으로서 순교자의 열에 오
르게 되었다.

'프로메테우스' 의 죽음은 상징적인 효과를 거두었다. 즉 1986년
그랜드 베신 국립공원의 창설을 이룩한 여론의 강력한 움직임을 야
기했다. 이러한 움직임은 네바다대학의 과학자들이 20여 년 전부터
착수해 온 기나긴 과정의 만족스러운 결과이다.

그러나 이 주목할 만한 소나무에 대한 관심이 고조되면 고조될수
록 그 식물학적 발견지에 대한 왕래는 끊이지 않았고, 이에 따라 토
양을 다질 정도로 너무 집중된 사람들의 발걸음이 소나무의 자연적
인 생식을 위기에 몰아넣고 어린 새싹들을 질식시키는 결과를 초래
하였다. 따라서 그 지역에 대한 관광객이나 기타 방문객들의 과도한
집중을 피하기 위한 조처를 취해야 했다. 방문객 각자가 위협적인
무기가 되기 때문이다. 바로 이러한 이유로 4천7백23년 된 '므두셀
라' ——의심할 여지없는 현존 최고 기록이지만 죽을 차례만을 기다
리고 있는——가 특별하게 지정되지 못했고, 그를 둘러싼 주위의 다
른 소나무들과 구별되지 못했던 것이다.

1957년에 4천7백23년! 바로 이 나무의 어린 새싹들이 제4왕조의
파라오들이 쿠프, 카프레, 멘카우레라는 최고의 이집트 3대 피라미드
를 건설하려고 준비하던 그런 시대에 이미 화이트 산맥을 뒤덮고 있

었다. 그리스도의 탄생 때 '므두셀라'는 이미 2천6백 년, 그러니까 세번째 밀레니엄으로부터 4천7백60년까지 이르고 있는 것이다. 그러나 '므두셀라'의 발육기와 성장기를 파라오와 그리스도에 준거를 두는 것이 불가피하다면, 노년기를 기억할 만한 어떤 독창적인 사건이 있을까? 흔히 말하기를 '므두셀라'는 노년기에 이르러 체르노빌의 원자 분열과 대재앙을 겪었다고 한다. 또한 인간이 하늘을 날아서 달에 착륙하는 것도 목격했다고 말한다. 뿐만 아니라 아무것도 살지 않는 불분명한 화성의 토양을 탐사하기 위해 지구의 중력으로부터 인간이 떨어져 나가는 것까지 보게 되었다고 말한다. 한마디로 말해서 므두셀라는 노년기에 이르러 인류가 우주 대탐험이라는 새롭고 위대한 발자취를 남기기 위해 자신의 요람을 거대한 도약으로 뛰쳐나가는 것을 보았던 것이다.

브리슬콘 파인은 우리에게 과거를 말해 주지만, 우리처럼 미래를 알지 못한다. 그럼에도 그들의 놀라운 환경 적응 능력과 장수 기록을 깨뜨릴 수 있는 능력은 어디에서 기인하는 것일까? 물론 타고난 천성에서 기인하는 것인데, 그것은 나무 전체 면의 물 흡수를 포기하는 줄기의 껍질벗기 작용에 대한 거부에서 비롯되는 것이다. 이렇게 함으로써 4분의 3이 죽어 있음에도 계속해서 살 수가 있는 것이다. 브리슬콘 파인 중에서 가장 오래된 나무들은 정확하게 말해서 살아 있는 고목(故木)이다. 우리는 거의 영화의 오버랩 장면처럼 녹색의 가지가 몇 개 있지도 않은 나무들을 거쳐 땅 위에 항상 서 있다 하더라도 사실은 이미 죽은 나무들 앞을 지나치게 된다. 서 있지만 이미 죽은 나무들은 시간이 흐르면 바람에 전복되고 말 것이다.

생명 에너지의 훌륭한 작용에 대한 놀라운 교훈, 그것은 브리슬콘 파인이 하는 것처럼 절약하면 절약할수록 오래 버틴다는 것이다.

삶과 죽음 사이에 놓인 이 감동적인 게임에도 불구하고 브리슬콘 파인의 씨앗은 예외적으로 기운차고 경쟁적인 모습을 보인다. 그리하여 발아가 풍성하게 이루어지고, 생식은 전적으로 만족스러운 결과를 가져온다. 사실 이제부터 소나무의 밀집이 야기하는 유일한 위험은 솔방울을 채집하고 싶어하는 관광객들에게 있다. 또 관광객의 집중은 소나무의 생식을 방해하게 될 것이다.

그러나 풍성하고 건강한 소나무의 밀집은 즉각적인 위험을 야기하지는 않는다. 브리슬콘 파인이 화이트 산맥의 산허리에서 약골의 류머티즘 환자로서의 프로필을 더욱 오랫동안 드러낼 것이라고 믿어 보자.

나무의 장수 기록으로 돌아가 보자. 기록은 모하비 사막에 자신의 밑동까지 뻗쳐 있는 덤불나무에 의해 지금부터 증명되어지는데, 바로 크레오소트(creosote)를 제공하는 그런 나무이다.

3

크레오소트 관목
혹은 기록의 깨어짐

화이트 산맥에서 그리 멀지 않은 곳, 남쪽으로 5백 킬로미터 지점, 애리조나로부터 광활한 모하비 사막이 펼쳐져 있다. 이 메마르고 황폐한 장소에서 목록을 작성할 수 있는 생명력 강한 식물 중에 크레오소트 관목(creosote bush)[1]이 있다. 나무의 독특한 냄새 때문에 그렇게 이름 붙여진 것이다. 그런데 1980년 캘리포니아대학의 바섹 교수가 이들 소관목 중에 1만 년이 넘는 나이를 가진 것들이 있다는 사실을 밝혀냈다.

이 나무는 사실 항상 푸르르며, 덤불 모양으로 자란 소관목으로서 향기가 매우 강한 밀랍 모양의 외피로 뒤덮인 작은 잎새들이 달려 있는데, 그 잎새는 방부제로 사용되기도 했다.

크레오소트 관목은 분명히 위기에 처한 식물은 아니다. 오히려 막대한 생식 능력에 의해 자기 이웃을 위기에 몰아넣는 식물이라고 할 수 있다. 더군다나 이 나무의 순수 자생지는 자연 속에서 명백하게

---

1) *Larrea tridentata.* Zygophyllacées.

드러날 뿐만 아니라, 주목을 끌 만큼 충분히 드문 경우에 해당한다.

크레오소트 관목에게는 매우 독특한 성장 방식이 있다. 즉 새로운 가지들이 왕관 모양으로 주변에 생성되면, 그 안에 있는 옛날의 가지들은 죽게 된다. 이 전체가 속이 뻥 뚫려 버린 가운데 부분 주위에서 원형의 덤불을 형성한다. 나이를 먹어 가면서, 주변의 덤불 위성(衛星)이 점점 중앙으로부터 멀리 뻗어 나감에 따라 텅 빈 중심부가 확대된다. 땅속으로 뻗어 있는 줄기는 우선 밀집된 상태였다가 갈라지고, 이어서 완전히 분리된다. 그리고 분리된 각 줄기는 중심부가 죽어가는 동안 가장자리를 향해 이동한다. 땅속의 늙은 '이뿌리'에게서 나타나는 것처럼 잔가지에게서 나타나는 전형적인 원심적 발육이 아닐 수 없다. 이처럼 기초적인 개체가 유전적으로 똑같은 여러 개체로 분할되는 것은 모두가 동일한 씨앗에서 유래하기 때문이다. 이는 분지군(分枝群)으로서, 그것의 나이는 어머니-씨앗의 발아 일자로부터 평가될 수 있는 것이다. 하지만 그 발아 일자는 어떻게 측정될 수 있는가?

해마다 평균 0.66밀리미터로 측정되는 땅속 줄기의 성장을 토대로 지름이 22미터에 달하는 모하비 사막의 분지군은 1만 1천7백 년으로 평가되어졌다. 이는 화이트 산맥의 소나무들이 세운 기록을 막대한 차이로 깨뜨려 버린 것이다. 그러나 이 수치는 곧 낮게 재검토되었다. 사실 땅속 줄기의 성장이 발육기에는 약간 더 빠른 것으로 증명되었기 때문이다. 따라서 동일한 분지군에 대해 새로운 평가가 내려졌고, 그 결과는 9천4백 년이었다. 이번에는 애리조나의 또 다른 분지군이 기록을 경신했는데, 1만 8백50년까지 거슬러 올라가는 기록이었다. 이러한 연대 측정은 곧 탄소 14(C14)법에 의해 증명되어졌고, 오늘날 권위를 갖게 되었다.

1만 8백50년은 마지막 빙하기의 끝, 세계에서 가장 오래된 도시 여리고의 건설, 피라미드 공사가 시작되기 5천 년이나 전이 아니던 가! 의심할 여지없이 우리는 여기에서 한 생명체의 최장수 기록에 접근하고 있는 것이다. 최대 수명이 1백50-2백 년으로서 척추 동물 최고 장수 기록 보유자로 보이는 불쌍한 거북은 크레오소트 관목 근처에 얼굴도 못 내밀 정도이다. 이 소관목들은 화이트 산맥의 소나무와 마찬가지로 극도로 가혹한 환경이지만 괄목할 정도로 잘 적응하여 싹을 뻗고 있다. 크레오소트 관목의 경우에 있어서도 장수하는 특성은 살아 있는 세포 조직의 수축 능력에 결부되어진다. 많은 나이가 수분을 빠지게 하는, 그리하여 자기 자신에 정신을 집중시키는 능력과 함수 관계에 있는, 쪼그라들고, 허리가 굽고, 거무죽죽한 노인처럼 말이다.

식물계의 기록 제조기, '장수 소나무'와 크레오소트 관목에는 또 다른 공통점이 하나 있다. 이들은 모두 죽음과 게임을 한다는 것이다. 브리슬콘 파인은 4분의 3이 죽은 상태로 생존하며, 대부분의 경우 살아 있는 세포 조직이 이미 죽은 세포 조직에 비해 양적으로 훨씬 열등하다. 크레오소트 관목은 왕관의 가장자리에서 성장하는데, 관목은 사막에서 왕관을 그려 나가고, 또 그 왕관 중심부에서 죽는다. 만약 왕관이 항상 주변부에 앞서 자란다면, 이 원심적인 발육은 보다 늙은, 수천 년도 더 늙은 세포의 죽음을 대가로 시행되는 것이다. 이 두 가지 나무 모두 한 부분의 희생이 전체의 생존에 해를 입히지 않는다. 이는 동물에게서는 확인될 수 없는 전형적인 식물의 특권이 아닐 수 없다. 또한 인생이 오직 죽음에 대한 거부나 회피를 토대로 해서만 전개될 수 있는 극단적인 물질주의가 만연한 우리 사회를 성찰하는 계기를 마련해 준다. 생과 사는 동전의 앞·뒷면과도 같아서 신앙심으로 초월할 수 있는 것이다. 적어도 사후의 삶을 믿는 사람들에게 있어서는…….

소나무와 크레오소트 관목 사이의 유사점은 여기에서 끝난다. 왜냐하면 소나무는 유일 개체인 데 반해서 라레아 분지군은 기초 개체의 분리·분열의 결과, 즉 개체들의 총합으로 형성되기 때문이다. 또한 분지군은 독립적인 하나의 개체와 혼동될 수 없는 그런 개체들의 총합으로 형성되어 있기 때문이다. 따라서 세계에서 가장 늙은 개체로 '므두셀라'가 남게 된다. 만약 크레오소트 관목이 가장 오래된 분지군일 뿐이라고 하더라도, 어쨌든 거의 확실하게 바로 그날이라고 연대가 측정될 수 있는 나이를 먹은 유일한 존재임엔 틀림없다.

그런데 이 기록은 우리가 언론에 보도한 바로 그 순간부터 깨어진 것처럼 보인다. 1996년 10월 18일 로이터 통신은 호주 태즈메이니아 국립공원 관리사무소의 스테판 해리스의 성명을 보도했다. 일단의 식물학자들이 태즈메이니아 섬의 남서쪽에 있는 원시림에 감추어져 있던 어떤 협곡에서 광대한 면적을 차지하고 있는 소관목[2]의 자생지를 발견했는데, 우선 개체들의 군집, 군총(群叢)으로 여겨졌었다. 그러나 오늘날 유전학적 탐구는 이 소관목들이 사실 자가수정하지도 않고, 열매와 씨앗을 생산하지도 못해 무성 생식에만 증식을 의존하는 묘목 한 그루의 후손들이라고 단언할 수 있도록 해준다.

간단히 말해서 이 소관목들의 모든 묘목은 단 하나의 집합적 개체, 즉 분지군의 후손인 것이다. 나뭇잎 화석을 조사함으로써 이 분지군은 4만 년으로 측정되었다. 이에 따라 태즈메이니아의 소관목이 기네스북에서 크레오소트 관목의 자리를 빼앗기에 이르렀다. 만일 그

---

2) Lomantia tasmania. Protéacées.

연대 측정이 정확한 것이고, 증명될 수 있다면 현대인, 즉 호모 사피엔스 사피엔스와 동시대라 할 것이다. 더욱 특이한 것은 이 분지군이 4만 년 전에 발아된 유일하고 동일한 씨앗에서 나온 태즈메이니아 로마티아(Lomatia)종 중에서 알려진 유일한 표본이라는 사실이다.

4

떡갈나무와 산사나무

아메리카 대륙의 멀티밀레니엄 기록에 비교해 볼 때, 프랑스 나무의 기록은 보잘것없어 보인다. 원로 콩트 작가 로베르 부르뒤의 철저한 고증을 통해 늙은 떡갈나무 이야기에 귀를 기울여 보자. 이 떡갈나무는 프랑스 대혁명 때 직접적으로 위협을 받았던 것으로, 센-마리팀 지역의 알루빌-벨포스에 있다.[1]

1793년으로 돌아가 보자. 혁명 정신이 가열되고, 혁명 사상이 왕국을 가로질러 초원에 난 불처럼 탁탁 소리를 내며 번져 가고 있다. 장 바티스트 보뇌르는 이 시기에 이브토 근처에 있는 알루빌의 한 초등학교 선생님이고, 또 본당 성당지기이기도 하다. 바로 이 성당지기라는 직함으로, 그는 본당 성당이 보유하고 있던 여러 호기심을 끄는 식물들을 보호하고 있는데, 특히 자연의 네 가지 기적이라 할 만한 과수원의 미로(迷路), 너도밤나무, 산사나무, 감탄할 만한 떡갈나무가 그것들이다.

사제(司祭) 주택의 과수원을 차지하던 미로는 그곳에서 황홀해하며

---

1) 로베르 부르뒤, 〈보뇌르 씨의 떡갈나무〉, 《인간과 식물》 16호, 1995-1996.

길을 잃은 신혼부부를 기쁘게 만든다.

너도밤나무는 16명의 손님을 접대하기 위하여 수평으로 뻗친 가지 위에 식탁, 의자, 모든 필요한 생활용품을 갖춘 지상 4미터 높이의 식당을 마련할 수 있는 규모이다. 수직으로 일어선 젊은 가지들은 창문이 뚫려 있는 녹엽의 칸막이를 형성한다. 새들의 지저귐 소리로 흥겨워진, 하늘에 매달린 식사에 견줄 만한 것이 또 어디에 있겠는가!

산사나무는 '너도밤나무 식당' 의 축소형 모델이라 할 만하다. 산사나무 식당의 홀은 지상 3미터에 위치하며, 12명의 손님을 접대할 수 있을 뿐이다. 그래도 산사나무로서는 인상적인 규모가 아닌가! 오늘날 프랑스에서 가장 오래된 나무가 산사나무라는 사실을 누가 알겠는가? 산사나무는 노르망디의 공동묘지에 있는 주목(朱木), 특히 1천 6백 년이나 된 칼바도스에 있는 에스트리공동묘지의 주목에게서 귀족의 칭호를 차지하려 한다. 마옌에 있는 생-마르스-쉬르-라-퓌테 교회 광장에서 사람들이 감탄해 마지않는 놀라운 산사나무가 주목의 나이를 깨뜨릴 수 있을 것이다. 이 산사나무는 매년 무수한 흰 꽃들로 뒤덮이지만, 전통은 나무에 나이를 부여하는 데에 의견이 일치하지 않는다. 흔히들 산사나무는 1세기에 태어났다거나, 그렇지 않으면 보다 그럴싸한 어조로 4세기 태생이라고들 말한다. 산사나무는 11세기에 순수성과 처녀성의 상징으로서 이미 유명했던 것이 사실이다. 비만왕 루이의 자문인 조프루아의 한 텍스트에 언급되어 있는 것처럼, 1150년에 산사나무는 이미 주목할 정도로 나이를 먹은 것으로 지적되고 있다. 거의 1천7백 년 가량의 산사나무는 의심할 여지없이 프랑스에서 가장 늙은 나무이다. 산사나무가 좋은 건강 상태를 유지하고 있는 만큼 아마도 여러 기록을 깨뜨릴 수 있을 것이다.

그러나 장 바티스트 보뇌르의 '식물 기념물' 들 중에서 떡갈나무를 빼놓을 수는 없다. 떡갈나무는 생–마르스의 산사나무만큼 오래되었을 뿐만 아니라, 어떤 상징적인 의미를 가지고 있는 나무이다. 즉 프랑스에서 가장 유명한 나무로 고려될 수 있다는 것이다. 떡갈나무의 우거진 나뭇가지는 정복왕 윌리엄(Guillaume le Conquérant)이 자신의 군대를 이끌고 루앙에서 아르플뢰로 진군할 때 그곳에서 몸을 숨겼을 정도로 이미 11세기에 매우 무성하게 자라 있었다. 16세기말에 떡갈나무는 줄기의 구멍이 적어도 14명의 아이들을(분명히 약간은 과장된 수치이다) 숨겨 줄 수 있을 정도로 충분히 두꺼웠고, 속이 움푹 파여 있었다. 1696년 본당 성당의 신부가 이 떡갈나무를 성모 마리아께 봉헌했다. 그리하여 신부는 나무줄기를 원형으로 15미터 파도록 했고, 두 예배당이 2층으로 만들어졌다. 첫번째 예배당은 거의 땅에 닿을 정도이고, 두번째 예배당은 첫번째 것 위에 꾸며졌는데, 줄기를 휘감은 나무계단을 통해 접근할 수 있다. 이때부터 이 떡갈나무는 신앙적인 장소가 되었다.

드디어 프랑스 대혁명이 일어난다. 르클레르 신부는 장 밥티스트 보뇌르에게 이 모든 경이로운 식물들을 돌볼 것을 당부하고 망명지로 떠났다. 혁명의 흥분이 절정에 이르렀을 때, 두 그루의 나무가 심어졌다. 하나는 자유의 나무이고, 또 하나는 박애의 나무이다. 사람들은 자연스럽게 포플러(poplar)를 선택했다. 왜냐하면 포플러의 이름이 민중(people)을 떠오르게 했기 때문이다. 모든 사람들이 미래의 희망, 환희를 가져다주고, 사람들을 선동하는 이 나무들 주위에서 춤을 추었고, 구태의연한 성직자의 권력에 대한 마지막 증거들을 소멸시키기로 결심했다. 사람들은 과수원의 미로(迷路)를 불태웠고, 너도밤나무와 산사나무도 마찬가지였다. 그러나 장 밥티스트 보뇌르는 현명한 사람이었다. 그는 바람의 방향에 따라 교회의 종 위에서 풍향계의 바람개비가 돌아간다는 사실을 알고 있었다. 그리하여 그는 민중 정서의 풍향에 맞추어 떡갈나무 위에 '이성의 사원'이란 표찰을 고정시키기로 마음먹었다. 사실인즉 본당 성당지기는 아주 재치 있는 사람이었다. 그는 만일의 경우, 즉 갑작스런 형세의 전환에 대비하여 '이성(raison)' 앞에 'o' 하나를 덧붙일 수 있도록 준비를 하고 있었다. 그리하여 그의 사원은 기도(Oraison)의 사원이 되었다가 다시 o를 떼어내면 혁명에 필요한 나무가 되는 것이다. 너도밤나무와 산사나무를 불태운 사람들이 알루빌의 떡갈나무 앞에 다다랐을때, 그들은 혁명의 이상(理想)으로 개종한 나무를 보면서 감동적인 목소리로 "잘될거야, 잘될거야……"라고 떡갈나무를 찬양했다. 이렇게 하여 위기에 처했던 떡갈나무는 자신의 오랜 존재 기간 동안 가장 위험한 고개를 넘어가게 되었다.

사방에서 지주로 떠받쳐진 채 지탱하는 1천-1천1백 년 된 이 늙은 병자는 오늘날 아무에게도 자신의 막대한 나이를 숨길 수 없을 것이다. 사지가 굳어 버린 나무를 보면서 모든 사람들은 그 나무가 지금까지 산만큼 더 살지는 못할 것이란 사실을 알게 될 것이다.

그렇다면 밀레니엄을 살아온 보뇌르의 떡갈나무는 자기와 같은 종의 개체들이 보유하고 있는 모든 장수 기록을 깨뜨렸는가? 분명한 사실은, 프랑스만 놓고 보더라도——아주 근소한 차이로——이 나무는 떡갈나무라고 하는 것들 중에서 알프스-마리팀(Alpes-Maritimes) 지역 투레트-쉬르-루에 위치한 구르메트(Gourmette) 가문의 영지에 있는 호랑가시나무(holm oak)나, 방데(Vendée) 지역 탈봉(Talvon)에 위치한 생-틸레르(Saint-Hillaire) 교회의 떡갈나무보다 앞선다. 이들 두 나무의 나이는 모두 밀레니엄에 근접하다. 그러나 덴마크의 코펜하겐 근처 스뇌겐(Snoegen)에 있는 떡갈나무는 2천 년의 경계를 뛰어

넘는 데 성공했다. 말하자면 유럽에서 가장 오래된 나무인 셈이다. 가장 오래되었다는 칭호가 주목(朱木)에 속하지 않는 한에서 그러하다. 주목 중에서 스코틀랜드 애버슬리(Abersely)에서 자라고 있는 나무 또한 2천 년이라는 경이로운 나이에 다다랐기 때문이다.

이제 지중해 유럽으로 가보자. 유럽의 가장 오래된 나무 목록에 올리브나무(olive)를 등록시켜야 한다. 올리브나무는 혈통을 무시한 채 느리지만 다발적인 성장으로 개체들을 형성한다. '왕 중의 왕' 이라고 이름 붙여진 알프스-마리팀 지역 로크브륀-카프-마르탱(Roque-brune-Cap-Martin)에 있는 올리브나무도 유럽에서 가장 늙은 나무 중의 하나로 간주되고 있다. 주변 20미터를 아우르는 나무의 밑동은 주변의 바위들을 삼켜 버릴 정도이다. 로베르 부르뒤의 눈에는 현재의 거대한 다발을 형성하기 위해 새 가지가 뚜렷이 드러나 서로 얽혀 있는 이 나무에는 그 가지들 중에서 완전히 개별화된 견본보다 접합되어 있는 주체들의 더미가 훨씬 더 많았다. 따라서 그 나무의 나이를 측정하기란 어려운 일이었다. 왜냐하면 이 나무에게서 우리는 분지군과 개체의 불분명한 경계를 보기 때문이다. 어쨌든 이 나무의 나이는 1천 년에서 2천 년 사이로 추정된다.

사람들은 항상 예루살렘에 있는 겟세마네 동산의 올리브나무에 대해 궁금증을 가지고 있다. 그 동산은 바로 그리스도께서 당신의 수난을 시작하셨던 곳이다. 대부분의 작가들은 현재의 나무들이 예수 시대에 발아한 새싹들에 혈통을 두고 있다고 평가한다. 그러나 그들은 마찬가지로 서기 70년, 로마의 예루살렘 점령 때 티투스에 의해 자행된 나무의 대량 말살을 지적하고 있다.

올리브나무부터 사이프러스까지 오직 하나의 과정이 있을 뿐이다. 다시 말해서 작가들이 모든 지중해 경치를 그리지 않은 것처럼 말이

다. 그런데 사하라 사막의 사이프러스가 지금으로서는 국제 생태학
연대기의 서두를 장식한다. 왜 그럴까?

5
사막의 사이프러스

사막은 메마르고 벌거벗은 땅을 위풍당당하게 전개하면서 끝없이 펼쳐져 있다. 새벽의 서광이 동쪽에서 비치기 시작할 때, 무수한 별들이 반짝이는 전설적인 사하라의 하늘은 우리를 다른 세상에 있는 것처럼 착각하게 만든다. 우리는 머나먼 행성을 만날 수는 없을까? 어린 왕자의 행성, 아니면 훨씬 더 큰 행성을?

이곳에서는 화성, 수성, 혹은 달과 친척 관계임을 부인하지 않는 지구의 광대하고 원시적인 공간이 지속되고 있다. 우리는 단순히 우리 아이들과 우리 아이들의 아이들이 이곳에서 우리의 지구를 계속 볼 수 있기를 바라마지 않는다. 기술 혁명이 침범하여 타실리나제르(Tassili-n-Ajjer) 고원 지대를 타락시키기 전, 몇 세기 전의 지구를 말이다.

타실리, 이 알제리 동쪽 극단의 산악 지대는 리비아와 경계를 이룬다. 타실리 고원은 고생대에 형성된 사암(砂巖)으로 이루어졌는데, 침식되어 모자이크처럼 잘려져 있으며, 해발이 1천5백에서 2천 미터까지 변한다. 이 고원에는 거의 전체가 광물로 이루어진 하나의 세계를 표시하는 나무들이 있다. 그것도 살아 있는 나무, 바로 사이프러스인 것이다!

이곳의 사이프러스는 최근에야 발견되었다. 1868년 투아레그족(Touareg)에 관한 연구에 헌신하던 지리학자이자 탐험가인 뒤베리에가 현장에서 관찰한 나무로 만든 문턱은 사막이 여기저기에 '측백나무(thuya)'들을 감추어 놓았다고 생각하게 만들 수 있다는 가설을 제기했다. 타실리 남쪽 산록 지방 해발 1천50미터에 위치한 작은 오아시스 자네(Djanet)의 부대장이자 낙타기병 장교인 뒤프레즈 대위가 사이프러스로 확인된 그 유명한 나무들을 주시한 첫번째 유럽인이 되기까지는 아직 반세기 이상을 기다려야 했다. 뒤프레즈 대위는 자신의 관찰 결과를 당시 알제대학 이학부 식물학과 메르 교수에게 전했다. 이렇게 하여 정보는 '발견자'에게서 과학자에게로 넘겨졌다. 1925년 라바르덴이 튀니스(Tunis)에서 아가르(Hoggar) 고원 지대까지 이끈 파견단이 여러 견본을 채집해 왔는데, 그 다음해에 이 견본들로부터 에메 카뮈 양이 사이프러스의 식물학적 특징에 대해 기술하였다. 카뮈 양은 잔가지, 열매, 씨앗에 관계된 몇 가지 특성에 의해 그 나무를 지중해의 매우 전통적인 사이프러스와 구분하였다. 그리고 나서 그 결과를 파리의 국립자연사박물관의 보고서를 통해 발표하였다. 카뮈 양은 '과학에 있어서 새로운' ——사하라 사막에서는 매우 오래된 것임에도 불구하고——이 나무를 뒤프레즈 대위에 봉헌하였다. 이때부터 그 나무에 뒤프레즈 대위의 이름이 남겨지게 되었다.[1]

지금까지 한 종(種)이 탄생하는 고전적인 과정을 조명하는 짧은 역사를 살펴보았다. 자연 속에서가 아니라, 국제식물학학회의 연대사

---

1) Cupressus dupreziana. Cupressacés.

속에서 탄생하는…….

뒤프레즈의 사이프러스는 분산되고 흩어져서 비가 내려야만 흐르는 메마른 강바닥에 뿌리를 내린 채, 약 3백 평방킬로미터로 국한된 지대에서 서식한다. 서식 분포도에 대한 여러 평가가 시행되었다. 1961년 4월의 마지막 날 총 1백53그루라는 보잘것없는 수치의 나무가 생존하고 있다는 결론에 이르렀다. 겨우 과수원 두 곳과 대등한 수치라니! 그러나 더욱 놀라운 사실은 이 나무들이 결코 생식을 하지 않는다는 것이다. 이 살아 있는 견본들은 너무 늙어 버리면 후손 없이 죽는 운명에 놓인 것이다. 한마디로 말해서 이 나무가 과학 속에서 탄생한 그 순간, 이미 자연 속에서는 소멸해 가는 지점에 이른 것이다. 가장 어린 표본들이 모두 1백 년을 넘었다니!

가장 우리를 압도하는 견본은 위엄 있는 자, 번창하는 자, 융성한 자라는 뜻의 '틴 벨릴리(Tin bellilit)'이다. 이 나무는 둘레가 9미터 이상이고, 높이가 18미터나 된다. 지상에서의 삶이 한계에 다다른 이 제한된 자생지에 냉혹하게 유배된 절대 군주의 모습이 아닐 수 없다.

총체적인 토양 생식의 부재는 식물학자들을 놀라게 만들었고, 수많은 가설을 제기하도록 만들었다. 최근의 견본들은 직경이 대략 50센티미터 정도된다. 반면에 '어린' 사이프러스는 발견되어진 것이 하나도 없다. 관찰되어진 극히 드문 발아는 예를 들어 강력한 천둥 후 순간적으로 비가 내리는 산봉우리에서 일어난다. 그러나 다시 건조한 기후로 돌아오면 그 빈약한 생존의 가능성이 한꺼번에 사라지고 마는 것이다.

생태학자와 기후학자의 두 가지 관점이 이 야생 자생지의 소멸을 설명하기 위해 차례로 원용되었다. 첫번째는——결정적으로 보이는——사이프러스의 기초적인 존재 조건이 사하라 사막의 건조함 때문에 변화했다는 것이다. 줄기에 있는 나이테의 셈에 의한 연대 측정의 시도가 실패했음에도 불구하고 이 나무들은 사실 장수하는 것으로 여겨져 왔다. 그러나 아무도 이 나무의 나이를 알지 못한다. 사하라의 건조한 기후가 수천 년 전부터 계속되어 왔고, 이러한 현상이 극도의 건조함이 맹위를 떨친 1960-70년 이래로 가속화되어 왔다는 사실만이 알려져 있을 뿐이다. 현재 사이프러스가 서식하는 타실리의 에데이(Edehi) 고원의 강우량은 1년에 30밀리미터를 결코 초과하지 않는다(프랑스의 평균 강우량 7백50밀리미터와 비교해 보라). 이처럼 건조한 기후는 습도의 하락, 즉 건조한 공기와 어깨를 나란히 한다. 그런데 공기가 건조하면 건조할수록 기온 차는 증가한다. 사하라에서도 사이프러스는 겨울밤이면 영하 7도까지 떨어지는 기후를 견뎌내야 한다. 이 나무들의 유년기는 이렇게 추운 날씨에 익숙하지 않았을 것이다.

생태학적 조건이 악화될수록 사이프러스의 자생지는 점점 국한되어졌다는 사실을 알 수 있다. 이 나무들은 사실 생존 가능성의 극단에서 살아가고 있는 것이다. 그리하여 우리는 이 개체들의 거의 대부분이 메마른 강에서나 생존하는 것을 보게 된다. 비가 내려야만 물이 있는 그런 강에서는 그래도 최대치의 습기라도 잔존하기 때문이다. 이제 우리는 어떤 이유 때문에 죽은 사이프러스의 해골이 오가르를 포함한 사하라의 여러 자생지에서 발견되어지는지를 더 잘 이해할 수 있다. 또한 사이프러스 종의 분산 지역이 옛날에는 오늘날보다 훨씬 넓게 퍼져 있었다고 말할 수 있을 것이다. 왜냐하면 화이트마운튼 산맥처럼 사하라의 생태학적 조건도 건조한 기후 아래에서 빈약한 미생물의 서식에 의한 부패의 부재, 즉 죽은 나무들의 장소로서 오랜 세월 동안 유지될 수 있었기 때문이다. 오늘날 사하라에서는 살아 있는 것보다 훨씬 많은 죽은 사이프러스를 셀 수가 있다. 더욱이 투아레그족에 의해 이 죽은 나무들이 땔감용으로 잘리지 않았다는 사실에 놀라움을 감출 수 없다.

사하라 사막 타실리 고원의 사이프러스가 옛날 훨씬 젊게 분포되었다는 또 다른 증거가 존재한다. 사이프러스의 꽃가루가 발견되는 장소가 바로 그것이다. 현미경을 통해 이 꽃가루의 구조를 보면 놀라운 식물학의 규칙에 따라 쉽사리 지중해 사이프러스와 구별될 수 있다. 식물학의 규칙이란 모든 식물종이 자신에게 고유한 특성을 가지며, 인간에 있어서 지문이 그 역할을 하는 것과 마찬가지로 신원 확인을 가능하게 해주는 꽃가루를 만들어 낸다는 것이다. 그런데 중앙 사하라와 북부 사하라의 여러 자생지에서 14번 탄소(C14)로 화석화된 분비물에서 발견된 사이프러스의 꽃가루가 4천-5천 년 된 것으로 측정되었다. 이 시기에 사하라는 틀림없이 오늘날보다 훨씬 습한 곳이었다. 왜냐하면 사하라의 건조한 국면이 바로 그때부터 시작되었고, 펌프로 물을 빨아올려야만 했기 때문이다.

이같은 증거는 기후의 커다란 변화가 어떻게 적응 능력의 한계에 도달한 종들의 죽음을 그들의 발자취에 남기게 되었는지를 조명해 준다. 따라서 뒤프레즈의 사이프러스 자생지가 그 종의 역사의 끝에, 소멸의 직전에 조금씩 조금씩 도달한 살아 있는 종이라는 사실을 인정해야 한다.

이와 같은 자연 현상에 인간의 영향이 덧붙여진다. 투아레그족은 자네와 가트(Ghat)에서 사이프러스를 건축 자재로 사용했다. 바로 이런 이유로 사이프러스가 발견될 수 있었던 것이다. 그러나 토착민들은 수많은 나무가 절단되어 고문당한 것 같은 모습을 드러낸다고 할지라도 이 변변치 않은 자원에 무관심해한다. 사이프러스는 또한 땔감으로 이용되었으며, 그 옛날 나무가 발아하면 가축들이 어린 싹을 뜯어먹으며 나무의 감소를 부추겼음에 틀림이 없다. 이는 오늘날의 경우는 아니다. 왜냐하면 어린 싹은, 그것이 존재한다고 하더라도 건조한 기후 때문에 순식간에 소멸해 버리기 때문이다. 우리는 여기에서 어떻게 인간과 자연이 같은 발걸음으로 사하라 전역에서 증명된 식물의 소멸에 협력했는지를 알 수 있다. 특히 여기에서는 지속적으로 전개되는 건조한 기후의 상징적인 종에 해당되는 경우이다.

뒤프레즈의 사이프러스는 멸종할 것인가? 현재 우리는 죽은 견본들이 살아 있는 견본들보다 훨씬 많다는 것을 확인할 수 있다.

그러나 뒤프레즈의 사이프러스는 죽지 않을 것이다! 매우 밀집해 있으며, 향내가 코를 찌르는 사이프러스의 숲, 사이프러스의 느린 성장 속도——지중해 사이프러스보다 더 늦은——는 극도로 메마른 지역에서 한 그루의 나무라도 높게 평가하도록 만들 것이다. 또한 이곳의 사이프러스는 국제자연보호연맹(UPN)에 의해 긴급 구조를 요하는 멸종 위기 식물 12종 안에 분류되었다. 이런 목적으로 사이프러스는 여러 식물원, 특히 메마른 지중해 지역에 광범위하게 심어졌다. 그리하여 오늘날 50개 군이 넘는 식물군이 조사되었다. 발아 가능한 사이프러스 씨앗의 '부족함'에 대해 알고 있다면 이 얼마나 훌륭한 성과인가!

바로 여기에 불균형의 2차적 요인이 있다. 이번엔 극도로 감소한 발아 능력으로 해석되어지는 내적인 원인이 그것이다. 나무가 풍부하게 열매를 맺더라도, 발아할 수 있는 씨앗의 비율은 극히 적다. 이와 관련된 수많은 관찰이 바로 이 지점에서 일치한다. 또한 레바논에서 열매를 맺은 뒤프레즈의 사이프러스에게서 나온 종자들의 상대적인 생식 부진이 그러한 관찰을 입증해 주었다. 마찬가지로 체코의 파견단 '사하라 1975'도 1백 개 중에 단 하나의 씨앗만을 발아시킬 수 있었다. 사이프러스종의 노쇠에 대한 새로운 증거는 바로 발아 능력의 약화에 있다. 이는 절대 틀릴 수 없는 노화의 징후인 것이다.

따라서 사이프러스의 원기를 소생시켜야 한다. 여름이면 매우 건조하고 더운 여러 지역에, 낮은 온도의 추운 겨울철에 보잘것없는 토양에 심어져, 사이프러스는 원예가들의 손에 의해 진정한 제2의 삶을 살 수 있었다. 프랑스에서는 앙티브(Antibes)의 국립농학연구소(INRA)의 연구 대상이 되었는데, 그들은 진정한 '씨앗 과수원'을 형성하는 2백85개의 개체를 수집했다. 마찬가지로 미국에서는 몇몇 묘판에 뿌려진 뒤프레즈 사이프러스의 씨앗들이 다른 어떤 곳보다 빠르게 자라났다. 우리는 예를 들어 중동에서 사이프러스의 미래가 어떨 것인지 상상할 수 있을 것이다.

사우디아라비아에서 나무를 이주시키려는 시도, 즉 원예가들이 마지막 순간에 뒤프레즈 사이프러스를 베이루트(Beyrouth)에서 수입한 지중해 사이프러스로 대체시키려는 시도가 단번에 실패해 버렸다. 모든 나무가 심어진 지 몇 주만에 모조리 죽어 버린 것이다. 이는 당연한 결과였다. 전형적인 지중해의 종이 사우디의 기후에 적응할 수 없었기 때문이다.

결국 출생지인 타실리에서 다른 곳으로의 이주는 1981년 체코 연구팀에 의해 성공적으로 시도되었다. 6년된 어린 소관목이 심어졌다. 그때부터는 나무들의 생식과 성장이 확인될 수 있었는지를 아는 일만이 남는다. 불행하게도 지금으로서는 알 수 있는 것이 하나도 없다. 나무들이 버텨 줄 것인가? 씨앗을 생산할 것인가? 만일 씨앗이 생산된다면 충분한 발아 능력을 갖추고 있을까? 오직 미래만이 대답을 해줄 것이다. 투아레그족, 그 자신들이 너무나도 잘 알고 있는 이

나무들을 그들의 보호 아래 둘 것인가? 현재 살아 있는 개체들의 목록을 만들 수 있었던 것이 바로 투아레그족 덕분 아니었던가?

이 점에 대해서 사이프러스에 대해 조사한 작가 마크 라페레르가 다음과 같이 기술하고 있다.

"개인적으로 모든 타루(tarouts)[2]를 알고 있는 가이드 세르미만을 동반한 채 1961년 4월 행한 마지막 탐사는 가장 성과가 있었다. 내 가이드가 우다드(Oudad), 즉 소맷부리 야생양의 발자취에 대한 추적과 그것의 접근에 여념 없었을지라도, 나무들의 목록을 작성한다는 차원에서, 그리고 타실리 전역을 통해 야생양의 발자취를 따라 실행되었다는 차원에서 탐구의 성과가 있었던 것인데……."

소맷부리 야생양은 사이프러스와 마찬가지로 1988년 나이지리아 정부에 의해 창설된 타실리나제르의 남부에 위치한 아이르(Air) 산악지대와 테네레(Ténéré) 고원의 자연보호 지구에서 보호받는 위기에 처한 종이다. 우리는 그 보호 지구에서 아닥스(북아프리카 영양), 오릭스 아가젤(아라비아 영양), 소맷부리 야생양뿐만 아니라, 다마 가젤(큰 영양), 도르카스 가젤(작은 영양), 치타, 그리고 타조에 이르기까지 멸종 위기에 처한 희귀한 종을 발견할 수 있다. 1982년에는 처음으로 극도로 희귀한 종인 렙타세로스 가젤(가는 뿔 영양)이 발견되기도 했다.

이처럼 중앙 사하라의 광대한 지역에서 동·식물들은 인간의 호의적인 관심을 받고 있다. 그렇다면 이러한 인간의 관심이 멸종 위기에 처한 종들을 구하기에 충분할 것인가?

뒤프레즈 사이프러스의 이야기가 여러 가지 이유로 본보기가 된다. 사이프러스는 무엇보다도 아주 최근에 이르러서야 알려지고, 과학자

---

2) 투아레그족이 사이프러스를 지칭하는 명사.

들에 의해 기록된 종이라는 점이다. 이는 일반적으로 이전에 조사되었던 나무종들 중에서는 흔한 경우가 아니다. 뿐만 아니라 사이프러스는 자연에서 그 소멸이 초미에 이른 시기에 발견된 종이다. 마지막으로 사이프러스는 건조함을 견딜 만한 범위 내에서 메마른 땅에서 경작될 수 있는 가능성이 매우 높은 종이다. 이러한 이유로 사이프러스는 과거의 종인 동시에 미래의 종인 것이다.

슬픈 일이지만 사이프러스의 운명을 환기시키는 인간 조건을 찾기 위해서는 알제리로 가야 한다. 우리는 알제리 북부에서 그러한 인간의 모습을 발견할 수 있다. 그것은 특히 기독교 공동체의 경우에 해당되는데, 이들에 대한 회교 극단주의 그룹의 위협은 매년 수그러들지 않고 있다. 아틸라 왕의 정복 후 더 이상 풀이 자라지 않았다고 말해질 정도이다. **GIA**, 이슬람의 오랜 아름다운 관용의 전통과는 거리가 먼 이 집단의 공격 후, 그 옛날 번창했던 공동체는 쇄신되고 개화하는 것이 금지된 것처럼 조금씩 쇠퇴해 갔다. 사이프러스의 운명과 흡사한 이들의 운명 또한 소멸 외에는 다른 미래가 없는 것처럼 보인다. 사이프러스와 이 기독교 공동체, 이 두 경우 모두 삶의 조건이 점점 더 적대적이고 비우호적으로 변해 버린 것이다. 프랑스에 대한 알제리 기독교도의 포기, 출생지에서 멀리 떨어진 식물원에 대한 사이프러스의 순화처럼, 이 두 경우 모두에서 구호라는 것도 회피해 가는 듯하다.

6

'이베리스' 와 제비꽃

우리는 로렌(Lorraine) 지방에 있다. 필자는 파니-라-블랑쉬-코트
(Pagny-la-Blanche-Cote)의 석회암 더미 위에 피어난 이베리스 드 비
올레(Iberis de Viollet)[1]를 다시 보기 위해 온 것이다.

파니-라-블랑쉬-코트, 정말 잘 붙여진 이름이다. 왜냐하면 이 이
름은 보쿨뢰르(Vaucouleurs)와 동레미-라-퓌셀(Domrémy-la-Pucelle)
의 중간에 있는 르 쉐트르(Le Chêtre)라는 강을 따라 아치형으로 배열
된 석회암의 언덕을 연상시키기 때문이다. 바로 이 지역이 잔 다르크
가 태어난 곳이다. 그 옛날 잔 다르크는 언덕에서 굴러 떨어진 자갈
속에서 피어난 이베리스처럼 온 힘을 다해 자신의 역사적 사명에 전
념했다.

이베리스 드 비올레는 일종의 '은빛 꽃바구니' 이다. 그 바구니엔
작은 꽃들이나 제비꽃들이 줄기의 높이에 따라 산형화(繖形花) 모양
으로 배열되어 있다. 이베리스 드 비올레의 사촌인 다른 종류의 이베
리스들은 조약돌 정원에서 기꺼이 서식한다. 이는 자갈 기층에 대한

---

1) Iberis violetti. Brassicacées.

이베리스 드 비올레와 동일한 성향을 증언하는 것이다. 사실 이베리스 드 비올레는 석회암 자갈 위로 직접 뻗어 나온다. 이베리스는 남쪽 지방에서 많이 발견되어지는데, 그 이유는 그것이 열기를 갈망하기 때문이다. 또한 45도 비탈에 있어서 안정적이지 못한 자갈은 경사를 따라 미끄러져서 도로가에 쌓이게 된다.

따라서 불안정하고 유동적인 석회암 더미의 이동 경로를 따라 다니기 위해서 우리의 이베리스는 자갈에 억세게 붙어 있어야만 한다. 이베리스는 줄기, 특히 뿌리 조직을 과도하게 늘어뜨려 그렇게 한다. 이 뿌리 조직은 석회암 더미가 물을 흡수할 수 있도록 보다 섬세한 요소와 섞이는 구역을 찾아 땅 속 깊숙히 뻗는다. 표면상 석회암 파편의 미끄러짐은 식물의 상층 부분을 하층으로 끌고 간다. 이는 뿌리와 줄기의 특색 있는 굽은 모양 때문에 가능한 것이다. 이렇게 해서 식물은 위에서부터 아래까지 갈비뼈 모양을 띠게 된다. 다시 말해 식물의 뿌리는 표면 위로 드러났다가 아래를 향해 굽어 버리고, 줄기는 비탈을 굴러내려가면서 길게 누웠다가 보라색의 아름다운 꽃차례를 구성할 때에만 다시 일어선다. 따라서 우리는 이베리스 드 비올레를 제외하고는 어떤 식물에 대해서도 '땅과 결혼했다' 라는 말을 결코 할 수 없을 것이다.

따라서 우리는 '붙들고 있던 자갈을 놓음으로써' 불안정적이고 유동적인 장소에 적응하게 된 하나의 식물을 보게 된 것이다. 식물이 팽팽해지는 것, 그리고 어떤 대가를 치르더라도 반드시 수직의 자세, 즉 아래로는 뿌리부터 위로는 줄기까지 그 식물의 특징을 유지하고자 한다는 것, 이것이 바로 우리의 이베리스를 만드는 것이리라. 뿌리뽑힘에 의한 죽음은 환경에 대해 '굽힐 줄 모르는' 특성을 확인시켜 준다. 그러나 이베리스는 꼿꼿하지는 않다. 오히려 유연하며, 땅의 특질을 그대로 따른다. 이베리스의 줄기는 수직으로 일어서는 대신에 비탈을 따라서 굽은 자세를 취한다. 이베리스는 곤경에 처한 난파당한 사람들과 마찬가지 상태이다. 조난자들은 누운 자세로 몸을 띄울 것, 물살의 흐름에 발버둥치며 저항하지 말고 물 표면의 움직임에 몸을 섞을 것을 조언받는다. 이 얼마나 아름다운 삶의 교훈인가. 우리에게 '체념하기'의 은혜를 가르치는 이베리스의 교훈은 천둥을 지나가게 내버려두는 것, 인생의 곤경에 격렬하게 대항하느니 그에 적응하는 것에 다름 아니다. 여기에서 이전에는 가능하다고 생각하지 않았던 잠재적인 새로운 균형 감각이 그려진다. 그것은 '자기 자신을 내맡기면' 충분한 것이다. 이는 진정 자기 자신을 내맡기는 것이 아님을 깨닫기 위한 것이 아니겠는가!

우리는 이베리스가 하는 것처럼 계속해서 자신의 뿌리를 '막대한' 깊이 속에 내리뻗어야 한다. 이러한 관점에서 인류의 정신적 유산은 각 개인의 뜻에 달려 있다. 매스 미디어의 소음, 테크놀로지의 폭발, '세계 경제'의 요란한 성장이 우리로 하여금 그 사실을 잊게 만들지라도…….

그런데 왜 여기에서 이베리스 드 비올레의 생태학적인 성과를 열거했던가? 간단히 말해서 이 식물이 프랑스 '풍토성 식물'의 상대적으로 간결한 목록에 실려 있기 때문이다. 다시 말해서 이 식물은 프랑스에서만 자라기 때문이다. 보다 구체적으로 이 식물은 로렌 지방, 그것도 남부 로렌의 몇몇 드문 석회암 지대나 채석장에서나 만나 볼 수 있다.

이베리스 드 비올레가 적응 훈련을 하는 그런 특별한 장소에는 어떤 다른 식물도 거의 존속할 수 없다. 가파른 데다가 더욱이 유동적이기까지 한 가혹한 비탈에서 이베리스 드 비올레와 유사하거나 상관적인 적응 전술을 전개할 줄 아는 식물이 없기 때문이다. 이베리스 드 비올레의 근접한 곳에 흡사한 생존 가능성을 전개했던 3-4종의 식물이 존재한다. 그러나 적응 훈련이 벅찼던 만큼, '지탱하기 위한' 생존 노력이 이웃과의 냉혹한 경쟁을 전개해 나가기 위한 에너지 소비량에 대한 보충과 양립하지 않은 것처럼 보인다. 마찬가지로 각 개체는 석회질로 이루어진 유동적인 이 광물질 장소에 대한 자기 자신과의 싸움에 그침으로써 다른 개체의 성장을 방해하지 못한다. 이 식물들은 사막에서처럼 서로가 거리를 유지하고 있으며, 자원의 부족으로 말미암아 서로 겹치거나 나란히 놓이지 못한다. 그 결과 토양이 너무 빈약하게 뒤덮여서 멀리서 보면 '블랑쉬 코트'의 여기저기가 벌거벗은 것처럼 보일 뿐만 아니라, 마치 메마른 초원처럼 초목이 없는 것처럼 보인다. 이 때문에 하얀 언덕이라는 뜻의 '블랑쉬 코트'라는 이름이 붙여진 것이 아니겠는가. 이곳은 식물의 옷을 입지 않아 석회암만이 두드러질 뿐이다.

그러나 일반화시킬 수 없는 상황이 한 가지 있다. 파니-라-블랑쉬-코트에서 그리 멀지 않은 잘 알려진 세 곳에서 제2세대 개척자들로 이루어진 식물군이 석회암 더미를 고정시키고, 그 하층토를 안정시킴으로써 우리의 이베리스로부터 자기 성향에 맞는 토질을 빼앗으면서 점차 땅을 차지해 간다. 그리하여 로렌 지방 환경청은 임대차 계약을 통해 쇼봉쿠르(Chauvoncourt) 근처 석회암 지대의 관리권을 얻어냈다. 지역 환경청은 잡초를 뽑아서 식물간의 경쟁을 제한시키고, 이베리스의 생존에 필수적인 조건, 즉 석회암 더미의 유동성을 보존하고자 했다. 이와 반대로 샹푸니(Champougny)에서 벌어지는 채석장의 굴착이나 제레미(Jérémie) 채석장에서 파낸 흙더미를 배출하는 행위는 우리의 불쌍한 이베리스를 위기에 처하도록 한다. 이처럼 채석장의 이베리스는 자기 성향의 장소가 굴착기의 소음 속에서 완전히 사라져 버리는 것을 보게 되는 것이다. 석회암 더미가 많을수록 그만큼의 이베리스가 있는 게 아니던가!

이와 같은 사실이 하나의 작은 종, 보다 정확히 말한다면——오늘날 식물학자들이 말하는——아류 종의 운명인 것이다. 아류 종은 여기저기에서 위협받으면서도, 역설적으로는 파니에서 샹푸니를 잇는 도로의 차선 확장에 의해 보호를 받기도 한다. 즉 도로 확장 공사가 비탈의 하층을 침식시켜, 우리의 이베리스에 새로운 나날을 약속하는, 다시 말해 자생지를 다시금 불안정하게 만들어 주게 된다. 대다수 종에 치명적일 수 있는 것이 우리의 이베리스에게는 행복한 일이 될 수 있는 것이다. 우리의 이베리스는 다른 종들이 고통을 겪고, 시들어 결국엔 사라져 버리는 그런 장소에서만 살 수 있기 때문이다.

살아 있는 종의 자생지를 연구하는 과학, 즉 생태학은 자연이라는 어머니의 집에 수많은 방이 있음을 알려 준다. 여기에서 집——'생태학'의 개념이기 때문에——은 아주 작은 오두막 같은 집이다. 그러나 이런 작은 집이 붕괴되는 일이 일어난다. 이때 식물은 절멸한 종의 슬픈 장례식과 만나게 될 것이다. 국제 식물학 목록에——소멸한(extinct) 종을 뜻하는——X자처럼 자신의 이름에 나란히 게재된 'ext' 기호는 이때부터 사라진 종에 대한 유일한 기억이 될 것이다. 이전에는 있었지만, 이젠 더 이상 존재하지 않는…….

불쌍한 크리(Cry)의 제비꽃도 이와 마찬가지 경우이다. 욘(Yonne) 지방의 크리라는 작은 마을 근처에서 자라는 이 제비꽃은 다른 제비꽃 종과 흡사하지만, 동일한 종은 아니다. 1860년 그 제비꽃이 발견된 장소가 바로 크리이다. 학자들은 그 제비꽃에 지리적 출신 성분을 환기시키는 이름을 붙여 주었던 것이다. 그리하여 제비꽃의 이름은 크리아나(cryana)[2]가 되었다. 이베리스 드 비올레처럼 크리아나도 빛으로 가득한 유동성 석회암 더미 위에서 산다. 크리아나도 자갈이 떨어져 경사지 아래로 구르는 그런 곳에 늘어붙는 데 성공한 것이다. 1930년부터 셀 수 없이 많은 식물학자들의 탐색에도 불구하고 아무도 이 제비꽃을 만나 보지 못했다 광물질 지대에서의 탐색이 여의치 않았던 것이다. 그렇게 크리의 제비꽃은 오늘날 소멸한 식물 목록에 분류되어졌다. 의심할 여지 없이 이 제비꽃은 수많은 요인이 결합되어 그 영향으로 절멸한 것이리라. 희귀하기 때문에 과도하게 채집되었고, 채석장의 굴착에 의해 생존지가 파괴되었으며, 특히 석회암 더미가 다른 식물군에 의해 점차 점령되면서, 그 식물군 가운데에 낀 크리아나가 질식해 버린 것이다. 이처럼 최초의 거주에 성공한 후 일반적으로 보다 경쟁력을 갖추고, 보다 번식력이 강한 종에 의해 대체되는 것이 바로 개척자들의 불행한 운명이다. 이런 예를 식물학에서만 볼 수 있는 것은 아니다.

간략히 말해서 크리의 제비꽃은 파니-라-블랑쉬-코트에서 항상 용감하게 저항하는 이베리스 드 비올레보다 더 냉혹한 운명을 만났던 것이다.

우리의 제비꽃은 식물학자들이 그것의 고유한 지위, 바이올라(viola) 속(屬)에서 그것이 차지하는 정확한 위치에 대해 의견 일치를 보기도 전에 지구상에서 사라져 버렸다. 그 유일한 식물 표본이 파리의 국립자연사박물관에 보존되어 있다. 그러나 식물의 말라 버린 시체로는 다른 제비꽃들과의 잠재적인 유사성을 알아내지 못한다. 우리가 분명히 확인할 수 있는 사실은 크리아나의 사촌 격인 제비꽃과

---

2) Violacées.

는 다르게 잎이 잔털이 없이 매끈매끈하며 약간 두툼하다는 것이다. 특히 이는 유사한 조건과 환경에서 사는 루앙의 제비꽃과도 다른 점이다. 센 강변의 석회암 더미 위에 사는 이 노르망디의 제비꽃은 땅속에서 오랜 기간 동안 생존할 수 있는 종자를 가지고 있다. 그러나 이곳의 석회암 더미가 크리의 제비꽃이 자라던 석회암 더미처럼 되지 말란 법은 없을 것이다. 이같은 경우에, 예를 들어 크리의 '라리 블랑(Lary Blanc)'이라는 곳에 유동적이고 햇볕이 잘 드는 석회암 더미가 만들어진다면, 소멸한 종이 사라진 지 70년이 지났지만 다시 나타날 수도 있을 것이다. 사실 이 가설은 완전히 의심쩍을 뿐만 아니라, 있을 법하지도 않아 보인다. 하지만 이런 '부활'은 앞으로 보게 되겠지만 이미 일어나고 있었다.

크리의 제비꽃은 정녕 이 세상의 생명체 목록에서 영원히 사라졌던 것처럼 보인다. 이 제비꽃은 10여 종의 다른 프랑스 식물군과 불행한 특권을 공유함으로써 지구의 소멸한 종의 리스트인 사망자 명부에 함께 게재되어 있다. 총 4천6백여 종에 달하는 프랑스의 식물군은 지중해 국가들, 특히 풍토성 정도가 매우 높은 섬들에 비해 비교적 잘 살아가고 있다. 사실 매우 한정된, 그리고 보다 불안정한 영역에 국한된 풍토성 종들은 그만큼 더 직접적으로 소멸 위기에 놓이기 쉽다. 만일 '소멸 최우수상'을 수여해야 한다면 그것은 당연히 하와이(Hawaii) 섬에 돌아가야 할 것이다. 하와이에서는 1765년 총 2백73종이 소멸한 것으로 알려져 있다. 낙원의 섬이라는 이미지에 맞게 관광 개발에 따른 막대한 대가를 치러야 했던 것이다. 건물이 들어서고, 땅의 평탄화가 이루어지고, 그 제한된 영역에 인위적으로 구획을 정리하여 주거지가 만들어질수록, 인간은 의식적으로든 무의식적으로든 진화와 자연이 수백만 년 동안 이루어 놓은 환경과 생명체를 파괴한 것이다.

소멸한 종과 소멸해 가고 있는 종의 차이는 간혹 종이 한 장 차이일 때가 있다. 현재 세계에 서식하는 수백 종이 단 하나의 식물군에 의해 대표되고 있다. 더군다나 몇몇 개체가 단 한 곳의 자생지에 분산되어 있는 경우도 흔히 발견되곤 한다. 그리하여 적절한 보호 대책의 부재로 유일한 자생지가 파괴되기에 이르면 그 종은 동시에 영원히 사라지고 말 것이다. 멸종 직전에 놓인 종이 그 사이에 생식에 성공하지 못한다면, 식물원이나 자연 박물관에서 재배되는 처지에 놓이고 만다. 바로 뒤프레즈 사이프러스의 경우가 이에 해당한다. 불행하게도 크리의 제비꽃은 이런 경우가 아니었다.

어떤 이유로 이와 같은 현상이 아직 대중에게 알려지지 않았는지를 확인하는 것은 흥미로운 일이다. 하나의 소멸된 종은 연정을 불러일으키지도 않고, 그 정보가 전해지지도 않는다. 모든 사람들이 그런 사실을 모르는 체하기 때문이다. 텔레비젼 뉴스가 지난 밤새에 소멸한 식물종의 이미지로 열리는 것은 상상할 수도 없을 것이다. 만약 동물에 관련된 것이라면, 우리의 감수성을 일깨우기가 더 쉬울지도 모른다. 하지만 식물이라면……. 그럼에도 불구하고 하나의 종이 소멸할 때마다, 인생의 무엇인가가 영원히 사라지는 것이다. 소멸한 종은 결코 복원되지 않는다. 소멸종과 함께 세계 유산의 한 부분이 매번 포기되고 마는 것이다.

욘 주에서 수백 킬로미터 떨어진 루앙 지역에는 앞에서 살펴본 것보다 훨씬 털이 복실복실한 제비꽃이 서식하고 있다. 이 제비꽃의 꽃잎은 밑부분이 노란색에 검은 선이 쳐져 있는 보라색이며, 꽃받침은 가운데가 불룩하다. 사실 루앙의 제비꽃은 오랑캐꽃이라고 불리는 유(類)의 특징인 보라색과 노란색의 두 가지 색깔을 내보인다. 오트

노르망디(Haute-Normandie) 주의 풍토성 식물로 자기가 서식하는 도시의 라틴어 이름을 부여받은 루앙의 제비꽃——비올라 로토마겐시스(Viola rothomagensis)——은 매우 제한된 영역에 분포한다. 이 제비꽃은 루앙 시의 상류에서 10킬로미터 떨어진 생-타드리엥(Saint-Adrien), 그리고 센 강과 앙델(Andelle) 강의 합류점 상류에 위치한 지방인 앙프르빌-수-레-몽(Amfreville-sous-les-monts)에서만 발견된다. 분포지는 총 네 곳인데, 앙프르빌에만 세 곳이 있고, 약 2백여 개체가 서식하고 있는 것으로 조사된 바 있다.

작은 루앙 제비꽃의 생태학도 이베리스 드 비올레와 멸종된 크리제비꽃의 특징들을 그대로 드러내는 것처럼 보인다. 같은 환경, 같은 생활 방식에 똑같이 개척자의 지위를 가진다. 앞의 두 종은 환경 조건이 안정되지 않아야만 유지될 수 있다는 것은 잘 알려진 사실이다. 그런데 루앙의 제비꽃이 그 사실을 앞의 두 종보다 더 잘 보여준다. 점점 고정되어가는 생태계의 자생적인 진화 과정은 그 끝에 다다르면 자신의 죽음을 초래한다. 그리 안정적이지 못한 환경 조건이 경쟁력을 갖춘 새로운 종에 의해 곧 식민지화될 것이기 때문이다. 간단히 말해서 루앙의 제비꽃은 어떤 다른 식물도 생존하지 않는 그런 곳에서만이 살 수가 있는 것이다. 반대로 다른 식물과의 경쟁에 놓이면 멸종에 다다르게 되는 것이다. 그리하여 이 작은 제비꽃이 자생하는 환경 조건에 비탈과 백악질의 경사지를 파내 '아주 잘 무너진' 생활 환경을 만들어 줌으로써 작은 '도움'을 주기에 이르렀다. 잘 무너져내린 생활 환경이 루앙 제비꽃의 자생지에 유리한 조건이 될 수 있었던 것이다. 작은 자갈의 적당한 채취 또한 적절한 환경 구성에 이를 수 있도록 했다. 그러나 이 제비꽃종의 주위를 맴도는 위협이 오랑캐꽃의 자태를 하고 있는 그 아름다운 야생 식물을 채집하려는 사람들 때문에——이는 크리 제비꽃의 돌이킬 수 없는 소멸에서 이미 큰 역할을 했던 요인이다——더욱 증가되었다. 하지만 루앙의 제비꽃은 사촌 격의 식물보다 훨씬 운이 좋은 편이다. 루앙 제비꽃은 위르(Eure)의 호의적인 지역에 도입되었다. 그곳에서 이 제비꽃은 제대로 자리를 잡은 것처럼 보였고, 또 식물학자들은 모든 채집 행위를 피하기 위해 제비꽃의 이주를 비밀에 부쳤다.

독특한 주거 환경이 땅의 미소한 깨짐에 결부되어 있기 때문에, 루앙의 제비꽃과 마찬가지로 크리의 제비꽃도 완전히 고립된 서식 형태를 보인다. 이들 제비꽃은 분포 지역이 매우 국한되어 있다는 점에서 풍토성 식물이라고 할 만하다. 이들의 분포 지역이 서로 너무 많이 떨어져 있어서——약 4백 킬로미터——두 종간의 어떠한 교환도 가능하지 못했으며, 따라서 잡종 형성의 가능성도 없었던 것이다(이는 크리 제비꽃의 멸종 사실과는 완전히 별개의 문제이다). 따라서 풍토성이라고 하는 것은 완전한 고립을 의미하는 것이며, 진화 과정이 수백만 년 동안 대륙과 떨어져 계속되어 온 섬에서 훨씬 더 그러하다. 섬은 저기에 있지만, 다른 어디에도 없는 특별한 표본이 만들어지는 그런 장소인 것이다.

그러나 우리가 살펴본 세 가지 석회암 더미의 식물에 대해 다음과 같은 마지막 질문이 제기된다. 이베리스나 제비꽃은 어떻게 석회암 더미 위에서 생존하는 데 성공했었던가? 석회암 더미 위에서 적응에 성공한 식물군은 시간이 경과함에 따라 결국엔 그곳을 점령하고, 때로는 석회암 더미라는 그 불안정한 장소와 공생을 하게 된 것인데…….

이같은 질문에 대한 답변은 최근의 지질학 역사에 결부되어진다. 1만년 전 빙하기 말기에 석회암 더미는 지금보다 훨씬 풍부했었고, 그

만큼 위의 식물이 분포한 지역도 매우 광범위했다. 수천 년의 세월이 흐르면서 그 분포 지역이 협소해졌고, 따라서 위 식물종들은 현재 보기 드물고 불안정한 지역에만 자생하는 빙하기 말기의 유물로 간주되고 있다. 기이한 역설이지만 '이 식물들의 눈에는' 인간이 적으로 보이기도 하고 친구로 보이기도 한다. 과도하게 채집 행위를 하거나, 한 곳의 자생지를 파괴할 만큼 땅을 파헤칠 때 인간은 적이다. 반면에 적당한 개발(작은 채석장, 도로 확장)이 석회암 더미를 다시 움직이게 만들 때 인간은 친구가 된다. 생태학은 생명을 조명하는 만큼 이같은 종류의 역설을 감추지 않는 것이다.

이제 '가짜 제비꽃'에 대해 살펴보도록 하자. 이 꽃들은 제비꽃의 자태를 하고 있으며, 제비꽃의 색깔을 띠고 있을 뿐만 아니라, 제비꽃의 이름을 가지고 있기까지 하지만 분명 제비꽃은 아니다. 아마도 여러분은 이같은 부정적 묘사를 통해 세인트폴리아(Saintpaulia), 혹은 아프리카 제비꽃[3]의 특징을 알 수 있을 것이다.

세인트폴리아는 탄자니아 우삼바라(Usambarah) 산악 지대의 비탈에서 야생 상태로 자생한다. 이 식물은 오늘날 땅 위에서는 거의 발견되지 않을 정도로 과도하게 채취되었다. 반대로 가장 일반적인 관상 식물 중의 하나로 보존하기 쉬워서 꽃 애호가들의 아파트 베란다나 모든 꽃가게와 슈퍼마켓에서도 쉽게 찾아볼 수 있다. 한마디로 자신의 야생 습관을 잃은 채 인간에 의존해야 하는, 문자 그대로 과거가 되어 버린 종의 전형적인 경우에 해당되는 것이다.

그런데 일반적으로 재배되어지는 이 제비꽃은 자연 상태의 조상을

---

3) 독일 식물학자 게스너(Gesner)의 이름을 본떠서 학명으로는 게스너리아세(Gesnériacées)라고 하는 이 꽃들은 글록시니아(Gloxinia)군에 속하며, 세인트폴리아 이오난타(Saintpaulia Ionantha)종에 속한다.

거의 여의고 말았다. 세인트폴리아의 역사는 식물의 가정화 방식에 있어서 매우 의미심장하다.

처음에 이 작은 식물은 나무에 의해 그늘이 드리워진 채, 우삼바라 산봉우리의 비탈에서도 수직으로 구불구불한 지역에서만 자라고 있었다. 1890년 오늘날 탄자니아가 된 탕카니카에 파견된 수녀들이 고국인 독일로 돌아갈 때 제비꽃과 너무도 흡사한 이 식물 몇 뿌리를 가지고 갔다. 그 시대에 과학자들은 아직 그 식물에 대해 아직 전체적으로 알지 못했고, 그들은 그렇게 그 식물을 기술했고, 독일의 지배자인 세인트 폴 폰 일레르 남작의 이름을 본떠서 명명했다. 그러나 세인트폴리아는 초창기, 재배를 해보려 시도했을 때 부딪쳤던 난관 때문에 대중화되기 위해선 아직 수십 년을 기다려야만 했다. 그리고 나서 갑자기 '붐'이 일어났다. 난초 재배 전문가인 남부 캘리포니아의 한 원예가가 대규모로 재배하기 시작했던 것이다. 마찬가지로 바로 그 시기에 원래의 유일 종에서 변이된 수많은 재배 종이 만들어지기 시작했다.

오늘날 자연에서는 숲의 체계적인 파괴로 인해 식물종이 위협받고 있다. 따라서 이 위협받는 종은 생존을 위해 큰 나무의 그늘을 필요로 한다. 사실 세인트폴리아는 제비꽃보다 더 신중하고 섬세하다. 이 식물은 사람들의 시선을 피해 아주 그늘진 바위 굴곡에서만 웅크린 채 자란다. 뿐만 아니라 세인트폴리아의 꽃은 아주 독특한 식물학적 특성을 보여준다. 즉 꽃의 암술을 간혹 땅 속에 은닉하여 그 속에서 열매와 씨앗을 무르익게 만든다는 것이다. 이 꽃에게서 보여지는 또 다른 신중함의 증거는 끊임없이 스스로 숨으려 한다는 데 있다. 음지성, 그러나 너무 높은 습도가 싫다! 이것이야말로 세인트폴리아의 황금 규칙이 아니겠는가……

　세계의 수많은 지역, 특히 탄자니아에서 땔감을 얻기 위한 숲의 파괴는 새로운 생태학 조건, 특히 이 음지성 종에게는 불길한 조건을 만들어 낸다. 게다가 아프리카 제비꽃을 채취하려는 사람들은 이 식물이 잎에 물을 주는 것을 견뎌내지 못한다는 사실을 알고 있다. 사실 가파른 비탈의 허리에 뿌리를 박고 있는 이 식물은 자신의 잎에 떨어지는 빗물을 참아내지 못하여, 매우 신속하게 잎에 떨어진 물을 배수해 버린다. 우리는 많은 원예 변종에게서도 자연적 자생지에 사는 원래 식물에 보존된 이같은 생태학적 특성을 발견하게 된다.

　위에서 살펴본 내용은 제비꽃, 그리고 이와 유사한 색깔의 식물이 우리에게 제공하는 생태학적 교훈이다. 성경의 말씀대로 어떤 종은 선택되어지고, 또 어떤 종은 버림을 받는……. 어떻게 해서 불쌍한 ‘고(故)’ 크리 제비꽃은 인간의 잔인한 게임에 스스로를 내던졌고, 어떻게 해서 그 대가로 세인트폴리아는 우리 집에서 그 아름다운 보라빛 원피스를 입은 채 친밀함을 꽃 피우게 되었는지를 자기 방식대로 평가하는 것은 우리 각자에게 남겨진 몫이리라.

7

튤립의 전설

튤립(tulip)은 세인트폴리아보다 훨씬 광범위하게 분포되어 있다. 그러나 튤립의 조상 또한 세인트폴리아와 마찬가지로 희귀종이었을 뿐만 아니라 끊임없이 위협받는 식물이었다. 튤립은 네덜란드에서 그 어떤 식물도 고무시키지 못했던 역사적인 열광을 받았다. 최초로 화초가 된 튤립을 소유할 특권은 터키인에게 있었던 것처럼 보인다. 그 시기에 튤립의 식물군에는 오직 하나의 종만[1]이 있을 뿐이었고, 오늘날엔 결국 소멸되고 말았다. 그러나 최초의 재배가 이루어졌을 때, 터키에 국한되지 않은 또 다른 종이 있었다.

1552년, 제정 시대의 터키에 오스트리아 대사가 한 정원에서 펼쳐진 봄 축제에 초대되었다. 그곳에서 대사는 수많은 색채의 호화로운 꽃들을 발견했다. 그 꽃들은 각양각색이었으며, 오직 파란색과 검은색만이 없었을 뿐이다. 꽃의 이름을 궁금해하던 대사는 곧 '튤벤드,' 즉 페르시아어로 《터번》을 의미한다는 사실을 알아냈다. 꽃의 생김새가 터번이라는 머리 장식과 흡사하여 거기에서 이름을 얻은 것이다.

---

1) Tulipa sprengeri. Liliacées.

일단 마음이 끌린 대사는 대가를 치루고 알뿌리 몇 개를 얻어내는 데 성공하여, 그 꽃을 오스트리아로 가져갔다. 몇 년이 지나 1559년, 식물학자 콘래드 게스너가 그 꽃에 대해 처음으로 기술했다. 그러자 한 세기 전 페루에서 건너온 감자를 대중화시키려고 불행하게도 헛수고를 아끼지 않았던 프랑스의 동료 학자 샤를 드 레클뤼즈가 끼어들었다. 별칭 클뤼시우스라 불리던 레클뤼즈는 튤립의 종자를 비엔나에서 프랑스로, 그리고 네덜란드 레이덴 시의 실험 식물원으로 보냈다.

꽃이 네덜란드에 등장하자마자 진정한 '튤립 마니아'들이 나타나기 시작했다. 이 꽃의 애호가들이 '튤립 미치광이'를 자처한 것이다. 이들의 숫자는 날이 갈수록 늘어 갔다. 플랑드르와 네덜란드 사람들은 유일한 원예 변이종을 독점하고 싶어서 거금을 쏟아 부었다. 튤립은 하를렘(Haarlem, 암스테르담 북서쪽에 위치한 세계적 튤립 재배지이자 거래지) 증권거래소에서 가격이 매겨지기까지 했는데, 어떤 알뿌리 꽃은 믿기 어려울 정도의 가격으로 거래되었다. 예를 들어 아미랄 리스켄스(Amiral Lieskens)는 금화 4천 플로린, 셈페 아우그스투스 (Semper Augustus)는 2천 플로린을 호가했다. 어느 날 이 두 표본만이 남게 되었는데, 전자는 하를렘에 후자는 암스테르담에서만 발견될 수 있었다. 그리하여 아미랄 리스켄스를 사려면 4천6백 플로린이나 마구 달린 플리슬란트산 말 두 마리가 끄는 마차를 대가로 치러야 했다. 또 셈페 아우구스투스는 12에이커의 땅을 내주고도 살 수 없을 정도가 되었다.

튤립의 가격은 정확하게 말해서 기상천외한 정도가 되었다. 프랑스 릴(Lille) 시에서 한 애호가가 단 한 뿌리의 튤립 변이종을 얻기 위해 시가로 금화 3만 프랑에 해당하는 손님으로 북적대는 맥주집을 양도했다. 이런 이유로 그 변이종엔 '맥주집 튤립'이란 이름이 붙었을 정도이다. 수많은 상인들이 장사와 무역을 포기하고 이 식물의 재배에만 매달렸다. 재산 많은 애호가가 자기 딸에게 결혼지참금으로 튤립 변이종 알뿌리 하나를 주었다는 소문도 있었는데, 이 때문에 '내 딸의 결혼식'이란 종도 생겨났다.

여기에서 '검은색 튤립'에 얽힌 에피소드를 뺄 수 없을 것이다. 헤이그(Hague)의 한 구두 수선공이 검은색 튤립 한 뿌리를 얻는 데 성공했다. 이 놀라운 식물에 대한 소문은 빠르게 퍼져 나갔고, 어느 날 아침 하를렘의 튤립 재배 조합 대표단이 그의 집 문을 두드렸다. 그리고 흥정이 시작되었다. 가격은 1천5백 플로린까지 치솟았다. 구두 수선공은 그 가격에 자신이 애지중지하는 튤립을 양도하기로 합의했다. 그러나 조합 대표가 그 꽃을 손에 들자마자 갑자기 땅바닥에 내팽겨치고는, 모든 경쟁을 제거하기 위해 그 꽃을 짓이겨 버렸다. 그리고는 이렇게 말했다. "이 어리석은 놈아! 우리도 이 '검은색 튤립'을 찾아냈었다. 하지만 우린 어떤 경쟁도 원하지 않았을 뿐이야. 그래서 우리가 여기에 온 것이지. 행운은 네 놈에게 두 번이나 찾아오지 않을 테니까. 네 놈이 정원에 아무리 정성을 쏟아 부어도 이와 똑같은 꽃을 얻지는 못할 거야. 네 놈이 1만 플로린을 달라고 했어도 우린 그 대가를 치렀을 거야." 들리는 이야기에 의하면 구두 수선공은 슬픔으로 죽었다고 한다.

또 다른 기상천외한 이야기를 소개하고자 한다. 한 선원이 선주의 집에서 선반 위에 놓인 알뿌리 꽃들을 보고 있다가, 기다림에 지쳐서 시간이나 죽이려고 빵껍질 부수기나 해야겠다고 마음먹었다. 그는 주머니에서 커다란 빵 덩어리를 꺼내 들었다가, 이내 생각이 바뀌었는지 알뿌리 하나를 집어들고는 콱 깨물었다. 선원은 너무 써서 내던져 버렸다. 그는 다른 알뿌리를 집어들고는 깨물었다가 쓴 맛 때문에 내던져 버리는 짓을 열한 번까지 되풀이했다. 선원의 간소한 식사를 중단시키기에는 선주가 너무 늦게 개입한 것이다. 결국 선원은 3만 플로린이라는 엄청난 대가를 치러야 했다. 그 불쌍한 뱃사람은 유일한 알뿌리 튤립종을 11개나 점심 식사로 입맛을 돋구었던 것이다.

튤립도 마찬가지로 적이 있었다. 네덜란드의 튤립 애호가이자 레이덴대학의 식물학 교수인 애브라드 포르티우스는 길을 가다 만난 튤립의 모든 적을 지팡이질로 넘어뜨렸다.

라 브뤼에르가 《성격론》에서 애호가의 태도에 대해 다음과 같이 기술하고 있다. "애호가는 교외에 정원 하나를 가지고 있습니다. 그는 그곳에서 해가 뜰 때부터 질 때까지 뛰어놀다 집으로 돌아옵니다. 여러분은 튤립 꽃밭 한가운데에 오래 머물러 있는 그 사람을 보게 됩니다. 그는 고독이라 이름 붙여진 꽃 앞에서 커다란 눈을 뜨고는 손을 비비다가 몸을 구부립니다. 그 애호가는 가장 가까이서 그 꽃을 바라보고는 이렇게 아름다운 꽃은 있을 수 없다는 생각에 미치자 기뻐서 어쩔 줄 몰라합니다. 그는 중동이란 이름의 꽃으로 갔다가, 그곳에서 미망인에게로 갔다가, 다시 황금 시트, 아가타를 거쳐 결국 고독에게로 돌아오고 맙니다. 그리고는 그 꽃 앞에 머물러, 피곤해지면 땅바닥에 앉습니다. 저녁 먹는 것도 잊은 채 말이죠. 애호가는 금화 1천 닢을 준다 해도 팔 수 없는 자신의 튤립에게서 멀리 떠나지 못하는 것입니다."

그러나 모든 유행에는 끝이 있는 법이다. 네덜란드인들이 런던 증권거래소에 튤립 알뿌리를 어떻게든 상장하려고 할 때, 그들은 튤립에 대한 영국인들의 완벽한 무관심에 부딪쳐야만 했다. 이 사실은 신속하게 알려졌고, 하를렘 증권거래소에까지 퍼져, 결국엔 증시가 붕괴되고 말았다. 수많은 사람들이 갑자기 시장의 가치가 하나도 없는 알뿌리를 가지고 있는 셈이 되고 말았다. 게다가 영국식 정원이 유행으로 번지기 시작했다. 이번 유행이 꽃밭의 왕위를 차지해 버려서, 결국 튤립이 차지하던 자리가 급격히 감소하고 말았다. 1637년 네덜란드 의회에서 가결된 법률은 튤립의 가격을 다른 꽃과 다름 아니게 만들었다. 유행이 그 끝에 다다른 것이다. 그러나 네덜란드는 모래투성이의 대지를 사랑하는 튤립을 보존했고, 그 결과 튤립의 이미지는 네덜란드라는 국가와 뗄 수 없는 무엇인가가 되었다. 지난 4세기 동안 수천 가지의 변이종이 만들어졌고, '터번'을 뜻하는 이 꽃은 네덜란드의 작은 여왕이 되었던 것이다.

야생 튤립의 운명은 그들의 재배종 사촌과 거꾸로 전개되었다. 원예 변이종이 증가할 때, 야생 튤립의 자생지는 유럽 전역에서 퇴보했으며, 특히 프랑스의 경우는 더 심했다. 사실 프랑스 식물군에 속한 열 네 가지 종 중에서 세 종이 멸종했다. 이 세 가지 종은 사부아(Savoie) 지역에서 자생했었는데, 그 지역의 자연은 야생 튤립에 있어서는 어느 정도 '특산지'라 할 만했다. 그리하여 엠므(Aime) 튤립[2]이 타랑테즈(Tarentaise) 지방의 엠므라는 마을에서만 자생했었다. 엠므 튤립은 1974년 자신의 유일한 영토, 자신의 유일한 자생지를 형성했던 바로 그곳의 농지 분할을 견뎌내지 못했다. 그러나 알뿌리는 세기 초부터 채취되어 네덜란드의 알뿌리 원예가에게 보내졌고, 그가 알뿌리를 재배하여 보존했다. 마찬가지로 엠므 마을 근처에 국한되어 자랐던 페리에(Perrier) 튤립[3]은 1960년대에 애호가들의 때모르는 채

---

2) Tulipa aximensis. Liliacées.
3) Tulipa perrieri. Liliacées.

취의 대상이었고, 그런 이유로 오늘날 사라지고 말았다. 이 꽃 또한 원예농에 의해서만 존재할 뿐이다. 마지막으로 평평한 잎 튤립[4]도 이들과 똑같은 운명을 맞이했다. 이 꽃은 들판이나 포도밭 같은 경작지를 높이 평가하는 진정한 수확 식물이었다. 이 튤립종은 환경의 변형과 채집가들의 과도한 욕심의 희생물이 되어 엠므와 생-장-드-모리엔(Saint-Jean-de-Maurienne)에서 사라져 버렸다. 그러나 네덜란드의 알뿌리 원예가들이 앞의 두 튤립처럼 원예종으로 보존하고 있다. 네 번째 종으로 노란색 꽃의 비이에 추기경의 튤립[5]도 사부아가 원산지이다. 운이 억세게 좋은 이 튤립종은 잔존 식물로서 타랑테즈 계곡의 한 지점에서만 존재해 왔다. 이 지역의 개발 계획은 가프-샤랑스(Gap-Charance)의 국립식물보존연구소로 하여금 이 튤립종을 미래에 재배하고 증식시키기 위해 남아 있는 거의 모든 알뿌리를 채취하도록 유도했다.

프랑스에서 자라는 다른 튤립종들은 원예농에 대한 저평가, 전통 재배 양식의 포기, 제초제의 사용, 황무지와 도시화의 침입에 의해 모두 위협받고 있는 실정이다. 남동 · 남서 지방에 자생하지만, 감소폭이 너무 큰 아름다운 아정(Agen) 튤립[6]이 바로 그같은 경우에 해당한다. 이 황홀한 붉은색 튤립종 또한 터키와 시리아의 식물군에 속하는데, 물론 터키인들이 최초로 이 식물을 심기 시작했을 것이다. 이 튤립은 잎의 바탕에 보이는 노란색 테두리에 검은 얼룩 때문에 쉽사리 구분되어지는데, 이 때문에 '태양의 눈 튤립'이란 이름을 갖게 되었다.

---

4) Tulipa planifolia. Liliacées.
5) Tulipa billietiana. Liliacées.
6) Tulipa agenensis. Liliacées.

드 레클뤼즈 튤립[7]도 빠른 감소세를 보이는 종에 해당한다. 옛날 사부아 지방, 남동·남서쪽에서 자생하던 이 종은 오늘날 지롱드(Gironde) 지방의 두 지점에서만 존재할 뿐이다. 이 튤립종 또한 전통 재배 양식의 포기, 제초제의 사용, 채집과 도시화가 초래하는 결과를 겪어야 했다. 그럼에도 이 튤립은 지중해 유럽과 중동에 남아 있다. 붉은색과 흰색이 혼합된 이 튤립은 어떤 프랑스 식물군과도 혼동될 수 없을 것이다.

디디에(Didier) 튤립[8]은 진한 붉은색의 아름다운 꽃 때문에 야생 튤립 중에 가장 많이 재배되는 종 중의 하나가 되고 있다. 최후의 야생 묘목 몇 그루가 생-장-드-모리엔의 정원에서 잔존한다. 어느 정도는 농지 주인의 손길에 맡겨진 채로 말이다. 따라서 이 야생종과 재배종의 흡사함은 당연한 결과이다.

튤립종의 풍성한 목록을 끝마치기 위해 기예스트르(Guillestre) 튤립[9]을 소개한다. 이 튤립은 붉은색에 작은 파란 얼룩이 특징이다. 1855년 케라스(Queyras) 지방 기예스트르라는 마을 주변에서 발견된 것으로 알려진 이 튤립종은 1세기 이상 동안 다시 발견되지 않았다가 1991년에 재발견되었다. 대부분의 자매들처럼, 이 꽃은 원예 농지에서 수확되었으나, 기어코 초원에 자리잡는 데 성공했다. 생태학적 재전환에 성공했음에도 불구하고, 이 튤립종 또한 매우 취약한 상태에 놓여 있다.

자연에서 야생 튤립의 분포는 엠므 마을과 타랑테즈 계곡이 차지하는 선택적 장소에 대해 질문을 제기하도록 한다. 왜냐하면 바로 그

---

7) Tulipa clusiana. Liliacées.
8) Tulipa didieri. Liliacées.
9) Tulipa plabystigma. Liliacées.

지역에서 하나의 공통 조상이 살았고, 또 그 조상 종에서 돌연변이와 종의 탄생이라는 메커니즘[10]을 지배하는 자연적 선택에 의해 모든 종들이 파생한다고 생각하는 것이 바로 논리 그 자체이기 때문이다. 생활 방식의 다양성으로 다윈에게 큰 충격을 주었던 갈라파고스(Galapagos) 제도의 피리새처럼 사부아의 튤립들도 마찬가지이다. 각각의 종은 특별한 미세 환경에 적응할 수 있었다. 하지만 어떤 환경인가? 여기에서 우리의 고찰은 미스터리에 빠지고 만다. 사부아 튤립의 자연사(自然史)는 전체적으로 쓰여져야 할 것이고, 그러기 위해선 우선 이해되어야 할 것이기 때문이다. 그러나 대부분의 주인공들이 멸종한 종이기 때문에 너무도 난해한 문제가 되어 버렸다. 이때 우리는 최선의 방책으로 이 식물군에게서 그렇게 큰 구분을 만들어내기 위해, 그것도 사부아 지방에서 어떻게 자연이 그토록 열중했는지를 포착해야 할 것이다. 사부아의 튤립이 원예가의 선별 작업에 의해 태어난 사촌들을 부러워할 이유는 하나도 없다. 사부아의 튤립은 붉은색, 노란색, 흰색으로 풍경을 물들이며, 야생꽃의 극단적인 아름다움을 증언해 준다. 이는 이미 초원의 백합꽃에 대한 성경의 언급[11]으로 유명해진 묘사이기도 하다. 비록 그 꽃이 진짜 백합이 아니고, 튤립도 아니지만, 봄이 오면 성지에 풍성하게 꽃을 만개하는 아네모네[12]일지라도 말이다. 성경의 그 꽃이 아네모네임을 밝힌 것은

10) 공통 조상에서 출발하여 종이 탄생한다는 이론에 적용될 수 있는 이같은 '미세 진화(microévolution)' 과정은 토론의 여지가 있을 수 없다. 미세 진화 과정은 이론의 여지 없는 사실에 의해 증명되었기 때문이다. 반대로 '신다윈주의' 생물학자들이 주저함 없이 문(門)으로 동·식물계를 크게 나누는 것처럼 증명 과정없이 선험적으로 논리를 펼치는 것은 논란의 여지가 있을 것이다. 나는 이런 논리에 집착하고 싶지 않다. 사실 너무도 많은 사실이 오직 돌연변이와 자연적 선택이라는 법칙으로 만족할 만한 설명을 찾지 못할 수도 있다.

11) 〈마태복음〉, 6, 28.

이스라엘 연구가였다. 땅의 자연적 작용에 따라 아네모네는 예루살
렘 지역에서는 진홍색이었고, 갈릴리 호수가에서는 푸르거나 흰색을
띠었던 것이다. 식물종의 분포에서 이토록 중대한 역할을 하는 것은
바로 땅인 것이다.

---

12) Anemone coronaria. Renonculacées.

8

신들의 양식에서 악마의 발톱으로

지금의 리비아에 위치한 키레나이카의 건조 지역은 아주 오랜 옛날 한 생명체가 유일하게 소멸해 간 연극 무대였다. 그 연극이 재공연될 수 있다는 사실을 보여주는 것처럼, 남아프리카에서는 식물을 약용화함으로써 어머니-식물의 자연적 보금자리를 위험천만하게 만들어 가고 있다. 이처럼 남아프리카에서는 2천 년의 차이와 7천 킬로미터의 거리를 두고 위험에 빠뜨리기, 즉 인간의 과도한 개발에 의한 종의 소멸이라는 동일한 과정이 전개되고 있는 것이다.

2천5백여 년 전 키레나이카 사막 지대에 널리 퍼져 있던 실피옴 (Silphium)은 오늘날 고대 키레네의 왕(예수가 십자가를 짊어질 수 있도록 도왔던 시몬의 아들 중 한 사람)에 의해 발행된 화폐에서나 볼 수 있을 뿐이다. 그 동전에 대한 주의 깊은 관찰은 실피옴이 파슬리, 당근, 안젤리카, 회향풀 같은 산형화 식물군에 속한다고 생각하게 만들었다. 이 산형화 식물의 줄기는 키가 크고, 줄무늬가 있으며, 물결 모양으로 골이 진 데다 속은 비어 있는데, 서로 마주 보고 엽초 모양으로 감싼 잎이 그 줄기에 붙어 있다.

고고학자와 식물학자는 실피옴을 현재 잘 알려진 어떤 식물에 일치시키려 했지만, 그 시도는 성공하지 못했다. 그리하여 기원전 530년에 씌어진 테오프라스토스의 기술에 의거하고자 했다. 줄기에서 고무가 배어 나오는 것으로 보아 이 산형화 식물은 중세 시대에 흔했던, 환경이 건조할수록 많은 고무를 나오게 하는 초본(草本) 식물에 가까운 것으로 여겨졌다. 역한 냄새를 풍기는 '악취 효소'는 정확하게 말해서 아프가니스탄의 산악 지대에서 자라는 초본 식물의 유형에서 얻어지는 고무이다. 여기에서는 완전히 반대로 악취성 고무에 관한 것이 아니라, 강한 향내를 풍기는 고무로서, 재미있게도 그 시대에는 '레이저(laser)'라 불렸으며 약재로 널리 사용되었다.

실피옴은 사치성 식료품으로, 회복기에 강장제로, 기침약으로, 뱀독 중화제로, 포도주와 사프란 가루를 첨가하여 발모제로 사용되는 등 그 고무액의 수많은 적용법을 보면 분명 만병통치약이었다. 한마디로 말해서 고대의 다른 많은 식물들과 마찬가지로 실피옴도 만병통치, 즉 "모든 사람을 고치고 모든 병을 고치리!"라는 전설적인 평가를 받았던 것이다. 게다가 줄기의 액을 뿌리의 액과 구분한다면, 후자는 황금보다 훨씬 비싼 가치를 가졌다. 기원전 6세기부터 유럽의 모든 시장이 키레네 왕이 대단히 흡족해할 만큼 실피옴을 수입하기 시작했다. 그리스인들에 이어 로마인들이 대량 소비자임을 자처했다. 그리하여 실피옴은 키레나이카 사막 지대에서 대책 없이 채취되었고, 결국 그 사막에서 자연스럽게 소멸되기에 이른 것이다. 이 종의 소멸은 아우구스투스 황제의 통치 시대로 추정되는데, 그때 예수께서는 아직 어린아이에 불과했다. 이때부터 실피옴은 우리의 기억 속에만 남게 된 것이다.

고대 작가들에 의해 자주 언급되었던 이 종이 그들의 저서에서 빠르게 사라진 것은 놀라운 일이다. 기원전 414년 무대에 올려진 희곡

《새들》에서 아리스토파네스는 '가루 치즈, 기름, 실피옴으로 양념하여 구운 새 요리'를 먹었던 동시대인들의 식생활을 조롱했다. 플리니우스는 실피옴의 소멸 원인 중에서 목축의 확대를 고발한다. 이는 고대의 자연주의자들이 이미 집약적인 방목이 초래할 식물의 포식을 지적하고 있었음을 증명해 준다. 그러나 그토록 많이 경작되고, 또 높은 경제적 가치를 지닌 식물종이 반추 동물의 치아보다 못한 최소한의 보호도 받지 못했다는 것을 상상하기란 여간 어려운 일이 아니다. 어쨌든 실피옴은 영원히 이 땅에서 사라졌고, 오늘날엔 연구나 심포지엄의 대상에 불과하다. 불과 몇 년 전 리비아의 벵가지(Benghasi)에서 심포지엄이 열린 바 있는데, 오랜 옛날 그곳에서도 실피옴이 자라고 있었다.

수십 년 혹은 몇 세기 내에 나미비아의 수도 빈트후크(Windhoek)에서도 이와 같은 심포지엄이 열릴까 두려움을 지울 수 없다. 서부 아프리카의 이 나라에는 하르파고피툼속(屬)에 속하는 두 종이 있는데, 이들은 20세기에 이르러 갑작스런 관심을 불러모았다. 하르파고피툼 프로쿰벤스(Harpagophytum procumbens)[1]가 약재로 쓰이기 시작한 것은 1904년으로 거슬러 올라간다. 그 해에 호텐토트(Hottentot) 족들의 봉기가 일어났다. 나미비아의 농부인 메너트는 전사들 중 한 사람이 상처를 입고 의사에 의해 회복 불능 판정을 받았다가 동족의 치료사에 의해 살아난 사실에 대단한 호기심을 느꼈다. 치료사는 메너트가 출처를 확인하고자 했던 식물의 뿌리를 사용한 것이다. 메너트는 사냥개의 도움을 받아 뿌리가 파헤쳐진 장소를 발견했고, 이어서 그 뿌리와 식물을 일치시켰다. 자신의 비법을 결코 들키지 않으려고

---

1) Pedaliacées.

고심하던 치료사가 식물의 사용되지 않은 녹색 부분을 다른 곳에 파묻었음에도 불구하고……. 끈질긴 추적 끝에 사냥개가 파묻혀진 잎을 찾아냈고, 메네트는 그 잎으로 식물의 분명한 신원을 확인할 수 있었다. 그 식물은 깊숙히 뿌리박는 풀, 바로 악마의 발톱이었던 것이다.

깊게 뿌리를 내리고 덩굴을 뻗는 이 풀은 눈부신 붉은 보라색의 아름다운 꽃을 피운다. 홍게처럼 불그레한 열매는 구부러진 발톱 모양의 덩굴손을 달고 있는데, 여기에서 식물의 속명(屬名)이 유래한다. 즉 그리스어로 하르파고스(Harpagos)는 갈퀴, 맹수의 발톱이라는 뜻이다. 사실 이 덩굴손은 짐승의 갈기, 털, 발굽에 달라붙는데, 발굽에 달라붙는 경우 짐승에게 심각한 피해가 야기될 수 있다. 이 때문에 그 자생 지역에서 '악마의 발톱'이라는 이름이 붙여졌다. 이 식물은 자기 씨앗을 멀리 운반하기 위해 동물을 이용할 줄 알고 있는 것이다.

하르파고피툼에는 두 가지 종이 존재한다. 첫번째 것은 빛이 아주 잘들고 반쯤은 건조한 덤불 속에서 성장하며, 두번째 것은 보다 강우량 정도가 높은 가시덤불을 선호한다. 이 식물들에 의해 높이 평가받은 장소들은 칼라하리 사막에서 반쯤만 사막 같은 허리띠 모양을 형성한다. 다시 말해 하르파고피툼의 자생지는 나미비아 중부와 동부, 보츠와나 서부, 그리고 남아프리카의 케이프 지방 북부를 포함하는 황금빛 삼각형을 그리고 있는 것이다.

하르파고피툼은 전통 의학에서 아주 많이 이용되었다. 증상이 다양한 만큼 하르파고피툼의 처방은 한 가지가 아니라 여러 가지였으며, 여러 상이한 치료 영역에서 사용되었다. 이 식물은 완하제(緩下劑) 같은 소화 불량 치료제로 부시맨족과 반투족 사이에 널리 퍼져 있었다. 우려낸 물은 해열제로, 쓸쓸한 맛의 뿌리는 소화제와 위장약으로 간주되었다. 또한 전통적으로 임신부의 고통을 덜어주는 약재로 널리 복용되었다. 이와 같은 약물 치료법은 출산 후까지 연장되었는데, 이때는 보다 적은 양이 사용되었다. 동시에 임산부는 고약으로 만들어진 약재를 배 위에 바르게 된다. 이 고약은 작은 상처나 피부병, 궤양, 뼈마디에 정저(疔疽)가 생겼을 때보다 일반적으로 사용되었다. 마지막으로 하르파고피툼은 두통, 알레르기 반응, 류머티즘 같은 증상에도 치료제로 사용되었다. 한마디로 말해서 하르파고피툼은 가장 결정적이고 가장 항구적인 만병통치약이었던 것이다.

1904년에 발견되자마자 독일에 도입된 하르파고피툼은 프랑스의 알자스를 거쳐 곧 서유럽 전체로 퍼졌다. 이 식물은 헤아릴 수 없이 많은 연구의 대상이 되었는데, 연구 결과는 굵은 1차 뿌리보다 효능 있는 양분으로 이루어진 2차 뿌리만을 약재로 사용하도록 권고하였다. 마찬가지로 전통적 처방에서 쓰였던 모든 치료법 중에서 약리학자, 특히 필자의 친구인 자크 플뢰렁탱, 프랑수아 모르티에 등이 주축이 된 메츠(Metz)의 연구소에 의해 증명되어진 바로는 염증에 효과가 있다는 것뿐이다. 하르파고피툼은 이때부터 관절염, 류머티즘 등의 치료약이 됐다.

재미있는 사실은, 이와 같은 약리학적 특성이 아직 정확하게 구분되지 않고 있다는 점이다. 그만큼 뿌리 가루에 효능 있는 양분이 많이 포함되어 있다는 것이다. 기본적인 많은 처방이 포기되었음에도 불구하고, 약의 복용법은 전체적으로 보존되었다. 그리하여 가장 일반적인 것으로 진액과 가루를 교갑이나 캡슐화한 것이 있다.

류머티즘성 질환의 치료에서 얻어진 만족할 만한 결과 때문에 하르파고피툼의 수요는 증가를 계속했고, 그 식물의 분포 지역은 급속하게 감소했다. 뿐만 아니라 지금까지 어떠한 재배 시도도 성공하지 못했다.[2] 단순히 필요에 따라 채취되고 있는 것이다. 그러나 이러한 필요는 부단하게 증가하고 있다. 독일의 연구가들이 이 식물에게서 결석병에 좋은 특징과 안티콜레스테롤 성분을 부각시켰기 때문이다.

어쨌든 하나의 약용 식물이 그렇게 많은 특성에 의해 규정되어진다. 한편으로 하르파고피툼은 아무도 그렇게 훌륭한 약재를 발견하리라 생각도 못한 미지의 세계의 한 지방에서 유래한 것이다. 다른 한편으로 이 약재는 순수 상태에서 추출된 효능 있는 한 성분만 사용되는 것이 아니다. 왜냐하면 구성 성분 중에서 어떠한 성분도 가루약의 유일한 효능 자체를 갖지 못하기 때문이다. 여기에서, 생물학에서 널리 알려진 사실을 다시 한번 조명해 보아야 한다. 그것은 전체가 부분들의 총체에 불과하다는 것이다.[3] 따라서 한 식물종에 존재하는 요소들이 비록 따로 떼어내서는 아무런 효능이 없다고 할지라도, 그것들이 기대하던 효과를 생산해 내는 것은 바로 병용 효과와 시너지 효과에 의한 배합에 있는 것이다. 캡슐 형태로 하르파고피툼 성분들을 조합하여 추출해 낸 것처럼, 이 치료약을 '발명한' 아프리카 원주민을 본떠서 사람들은 가루나 진액으로 복용하는 것을 반복하게 될 것이다.

하르파고피툼이 실피옴이 걸은 운명의 전철을 밟지 말았으면 하고 바라마지 않는다. 그러나 지난 수년간 계속된 강우량의 부족 때문에 자생지가 급격히 감소하고 있는 것이 확인되었으며, 잘못 관리된 인간의 무분별한 채집 행위의 약탈적 결과가 이를 가속화하고 있다. 또한 하르파고피툼의 급감은 마찬가지로 강우량의 부족이 야기한 열매

---

2) 정통한 민속약리학자 **M**. 베티는 나미비아에서 지금까지 하르파고피툼의 경작이 성공할 수 없었다고 우리에게 확인시켜 주었다. 따라서 야생 식물만이 채집 대상이 되었던 것이다.

3) 나는 이미 《자연의 은밀한 언어》(**Fayard**, 1996)에서 이같은 질문을 환기한 바 있다.

의 성숙 불가능에 의해 더욱 강화되었다. 이는 결국 그 이전에 열매에서 태어난 씨앗의 배아와 역행하는 것이 되고 말았다.

그렇다면 하르파고피툼은 결국 두 번 죽게 되는 것인가? 실피옴처럼 과도한 채취에 의해 한 번 죽고, 뒤프레즈 사이프러스처럼 지나치게 건조한 기후에 의해 두 번 죽는……

남아프리카에서 보다 온화한 기후 조건이 되돌아오고 있는 것에 기대를 걸 만하다. 그러나 아프리카 전체에서 맹위를 떨치고 있는 집중적인 산림 개간이 이 가설을 불행하게도 가능성 없는 것으로 만들고 있다.

우리는 지금까지 키레나이카 사막에서 반쯤 건조한 칼라하리 사막의 경계로의 짧은 여정을 밟아 왔다. 이 여정은 중앙 아프리카에서 하룻밤을 묵어간다면 더욱 짧은 것이 된다. 중앙 아프리카의 나라들은 사실 아프리카 자두나무[4]의 껍질을 채취한다. 이 껍질로부터 평균 수명이 증가함에 따라 중년 남성에게서 잘 나타나는 전립선[5] 질환의 가장 일반적인 치료제 중의 하나가 만들어진다. 유네스코(UNESCO)는 5년 동안 세계 생산량의 63퍼센트에 해당하는 무려 1만 1천5백 톤의 껍질을 생산한——이는 매년 3만3천 그루의 나무가 껍질이 벗겨지는 것이다——카메룬에 세워진 프랑스 기업을 껍질 채취의 책임을 물어 고소했다. 이같은 과도한 채취는 마찬가지로 그 나무의 자두를 먹고사는 세 종의 새와 한 종의 원숭이를 멸종 위기에 몰아넣고 있다. 우리는 지금 선진국의 이익을 위해서 그런 약재를 얻을 필요조차 느끼지 못하는 후진국에서 말 그대로 자원을 약탈하는 그런

---

4) **Prunus africana. Rosacées.**

5) **Tadenan.**

의미의 착취에 대한 본보기를 보고 있는 것이다. 유네스코는 수년 전부터 변함없는 원칙에 따라 지속적인 개발을 위한 단호한 전제 조건에 대해 주장하고 있다. 이에 따라 자원을 생산하는 나라들과 그것을 가공하여 다시 파는 나라들의 공동 이익을 위해서만 자원이 채취될 수 있었다. 이에 따라 자두나무의 껍질을 채취하는 제약사들이 나무의 보존과 경작을 장려하기 위해 카메룬에 자기 몫을 되돌려주기로 계약을 맺기에 이르렀다.

1994년 이래로 아프리카 자두나무는 소멸 위기에 처한 야생 동·식물종의 무역(CITES)을 규제할 목적으로 1972년에 비준된 워싱턴 협약에 의해 보호받고 있다. 아프리카 자두나무는 이때부터 채집 할 당량과 채집 허가증을 받도록 규제하는 협약의 조항 II에 등록되기에 이르렀다. 한편 조항 I에 등록된 종——예를 들어 코뿔소——은 전체적으로 보호를 받으며, 어떠한 포획의 대상도 될 수 없다.

이젠 카메룬이 그 협약이 정한 보호 기준을 실천하고 존중하며 아프리카 자두나무의 경작에 성공하기를 바랄 뿐이다. 그렇지 않으면 이 불행한 식물도 실피옴의 서글픈 운명을 따르지 말란 법이 없을 테니까…….

우리는 이제 아프리카 대륙 남단을 둘러싸고 있는 섬들을 돌아보고, 섬에서 자생하는 수많은 종들이 공유하는 운명을 보게 될 것이다.

9

세인트헬레나, 세계 극단의 섬

　RMS(Royal mail steamer) 세인트헬레나호는 14일 전 웨일스의 카르디프(Cardiff) 항을 떠났다. 저기 남대서양 위로 전설이 된 섬의 인상적인 윤곽이 드러나고 있다. 기나긴 항해의 끝에 땅을 발견하는 희열을 자극하는 것은 여기에선 아무것도 없다. 섬의 어두운 실루엣은 어떤 엄격함의 느낌을 주었고, 섬에서의 체류는 매우 정중한 경외심을 확인시켜 주리라. 1백23평방킬로미터로 프랑스 면 단위의 평균 면적에 해당하는 세인트-헬레나(Saint-Helena)는 섬이라기에는 다소 작다고 할 수 있다. 앙골라에서 1천8백50킬로미터, 브라질에서 3천5백 킬로미터 떨어진 이 섬은 다이아나 봉(Diana's Peak)에서 8백20미터로 최고봉에 해당하는, 대양에 수직으로 잠겨 있는 진정한 현무암의 누각이라 할 수 있다. 이 섬의 이미지는 황제의 그림자와 불가분의 관계에 있다. 나폴레옹은 1815년에서 1821년까지 완전히 소멸하지 않은 화산에서 발산된다고 생각되었던 눈이 낮게 깔린 이 천장에서 체류했었다. 정박소도, 해변도, 정박할 수 있는 항구도 아니었다. 선박들은 '수도'라 할 수 있는 제임스타운(Jamestown)의 외양에 닻을 내려야 한다. 비행기도 텔레비전도 없이 선박들은 모국인 영국과 유일한 관계를 지속한다. 여기저기 널려 있는 현무암은 식물과 집의 색채를 지워 버리기까지 한다. 대포가 항상 외양을 향해 있다고 하더라도 언제나 납빛인 하늘이 이 숨막히는 분위기를 가중시킨다. 문자 그대로 해안가에 있는 협곡 깊은 곳에서 맷돌에 의해 짓이겨진 제임스타운에 대해 무엇을 말할 것인가. 월트 디즈니의 만화에 나오는 작은 집들은 남대서양의 특징인 우울, 공허, 권태의 감정을 두드러지게 하는 반쯤은 포르투갈적이고 반쯤은 영국적인 이 무기력감을 단념하지 않는다. 나폴레옹은 1815년 10월 16일 섬에 도착한 날 단 하룻밤만을 제임스타운에서 보냈다. 1821년 5월 5일 죽는 날까지 롱우드(Longwood)의 자택에 칩거한 채 다시는 그곳에 돌아오지 않았던 것이다. 세인트헬레나에서 빅토리아 여왕 시대의 영국은 해가 지지 않았다. 차와 함께 먹는 오후의 간식, 토요일 밤의 댄스파티, 해가 질 무렵이면 영사관저의 숲 속에 있는 바 근처에서 약속한 사람을 만나고 ……. 세상 끝에 위치한 지나간 시절의 세계가 바로 그곳에 있었다.

운명이 죽는 날까지 나폴레옹을 붙잡아 두었던 롱우드에서 멀리 떨어진 이 고원 지대에는 낙원 같은 요소는 아무것도 없었으며, 마데이라(Madeira) 섬이나 카나리아 제도와 공통적인 요소도 없었다. 이곳은 제임스타운보다 낮은 섭씨 10도 이하의 연안 지방 기후를 보이는 우에상(Ouessant) 섬과 흡사하다고 할 수 있다. 포로 상태가 지속되는 동안 황제는 강요받은 망명지 섬의 미기후(微氣候)를 드러내는 습기, 냉기, 바람에 병이 날 지경이었다. 오늘날엔 오직 양산 모양의 소나무 두 그루와 푸른 떡갈나무 한 그루가 생존할 뿐이고, 1858년 빅토리아 여왕 시대에 치외법권 지역이 되어 그때부터 프랑스의 가장 작은 해외 영토가 된 나폴레옹의 자택과 옛날 무덤의 소유주, 프랑스의 섬세한 보호 대상이 되고 있을 뿐이다. 황제는 생전에 자신의 매장지를 가리켜 "이 버드나무 아래에 냇물이 흐른다"라고 말했다. 실제로 나폴레옹은 1921년 5월 9일 그곳에 매장되었다.

황제는 체류 기간 동안 세인트헬레나 영국 총독의 관저인 '플랜테이션 하우스'에 한 번도 가지 않았다. 그 집은 1백12년 된 거북을 소유하고 있음을 자랑스럽게 여기고 있었다. 그러나 이 거북은 세계 기록과는 거리가 있었다. 세계 기록은 모리스 섬의 한 거북이 보유하고 있었는데, 그 거북은 1766년 마다가스카르 북쪽에 위치한 세이셸 제도에 와서 1918년, 그러니까 섬에서의 체류 후 1백52년이 지나서 뜻하지 않게 죽고 말았다. 그 기간에 거북의 젊은 시절이 포함되어야 할 것이다. 동물계 최장수 기록 보유자로 《기네스북》에 올라 있는 것이 바로 그 거북이다. 그러나 세계 기록에 있어서 경쟁은 치열한 법이다. 갈라파고스, 세이셸, 알다브라(Aldabra) 제도에는 늙은 거북들이 무수히 많다. 이들 중에 어떤 거북이 이미 세계 기록을 넘어섰는지 누가 알겠으며, 또 어떻게 알 수 있겠는가?

세인트헬레나는 1502년 포르투갈 탐험대에 의해 발견되었다. 1633년 네덜란드에 병합되었다가, 1659년 절대 권력자인 동인도 회사의 차지가 되었다. 1834년 마침내 섬은 동인도 회사로부터 임대되어 영국 왕실에 양도되었고, 그곳에 나폴레옹의 유배지가 만들어졌다.

세인트헬레나 식물군의 역사는 크게 세 단계로 구분될 수 있다. 가장 긴 첫 단계는 전적으로 자연의 힘에 의존하는 시기로서 1502년 포르투갈인들이 도착할 때까지를 말한다. 두번째 단계는 그 다음 3세기에 걸쳐 펼쳐진다. 나폴레옹이 섬에 체류하기 직전인 1805-1810년 사이 최초의 식물학 연구가 이 시기 동안 이루어졌다. 이 두번째 단계는 염소를 비롯한 가축떼의 도입에 의해 규정되는데, 이로 인해 수많은 풍토성 식물이 과잉 방목과 과잉 소비라는 희생을 감수해야 했다. 지난 두 세기를 포괄하는 세번째 시기는 식물군의 진화에 관련된 관찰 등 우리에게 진지하고 신뢰할 만한 연구 결과를 남겼다.

첫번째 시기에 섬의 식물군은 아주 오래된 화산대 위에서, 생태학의 태고 시대 법칙대로 자생했다. 거기에 기후의 변화가 개입하여 대륙으로부터 온 씨앗의 이주, 진화의 장난에 의한 종의 변이가 풍토성 종을 탄생시켰다.

1502년 8월 18일, 즉 세인트헬레나 데이에 포르투갈인들이 상륙했을 때, 그들은 인간의 모든 영향력으로부터 벗어난 숫처녀의 땅을 발견하게 된다. 인간과 포식자 가축의 도착——특히 염소——이 3백여 년에 걸쳐 수천 년간 지속된 균형을 완전히 흔들어 놓았다. 후커는 섬에서의 첫번째 식물학 연구를 스케치하면서, 1805-1810년 전에 이미 수많은 풍토성 종이 사라졌다고 주장했다. 세인트헬레나는 이미 살펴본 것처럼 다른 섬들, 특히 하와이 군도와 함께 놀라운 기록을 공유한다. 어떠한 과학도 1502-1805년에 세인트헬레나에서 사라진 종을 밝혀내지 못했을 뿐만 아니라, 경작할 수도, 분류할 수도, 심지어는 이름도 붙이지 못했다. 그 종들은 영원히 소멸해 버린 것이다. 인간과 가축의 막대한 난입에 의해 야기된 기가막힌 혼란의 결과로 식물계의 심장부에 엄습한 대재앙이 아닐 수 없었다.

신속하게 이루어진 섬의 벌채는 특히 염소에게 그 책임이 있었다. 다른 많은 섬에서와 마찬가지로 1513년부터 기나긴 해상 여행길에 긴요하게 쓰일 식량 저장고를 구축하고, 난파당했을 경우를 대비해 염소떼가 섬에 들어오기 시작했다. 이렇게 해서 염소가 번식되었고, 그 시대의 관찰자에 따르면 염소떼가 거의 2킬로미터의 길이에 달했다고 한다. 닥치는 대로 씹어대는 염소 이빨의 놀라운 능력 때문에 세인트 헬레나는 곧 완벽하게 벌거숭이가 되었다. 가장 질기고 가장 뾰족한 가시덤불까지 요깃거리로 삼을 수 있는 포식자의 이빨에 어떠한 풀, 어떠한 관목도 버텨내지 못했던 것이다. 산에서든 평원에서든 염소의 민첩함은 그 어떤 절벽도 헤쳐 나갈 수 있었다. 이런 상황을 바로잡기 위해서는 염소떼를 통제해야만 했는데, 1950년부터 비로소 그렇게 될 수 있었다.

세번째 단계는 보다 낙관적인 전망에 다다른다. 이 시기는 최소한 수십 종의 풍토성 식물을 보호할 수 있도록 해줄 것이다. 비록 그 중 대부분의 종이 오늘날 소멸 직전까지 도달했다고 할지라도 그것들을 보호하기 위한 칭찬할 만한 노력이 있었다. 이때부터 희귀 식물에 대한 추적의 길이 열리게 된다. 그리하여 1800년대 이래로 볼 수 없었던 세인트헬레나의 헬리오트로프(héliotrope)[1]가 작은 흰색의 꽃을 만개한 채 그 아름다운 자태를 드러내게 될 것이다. 또 누군가가 1세기 전부터 아무도 만나 보지 못했던, 그 옛날 장식용 식물로 간주되었던 로즈버그의 발렌버지아(Wahlenbergia)[2]의 소재를 알아낼 것이다. 이 식물들은 이미 소멸했는가? 최후의 몇몇 표본이 식물학자들의 후각을 피해 숨어 있지는 않을까? 섬의 작은 면적 덕택에 최후의 개체를 뜻밖에 발견하게 되지는 않을까?

사실 접근 불가능한 장소에 웅크리고 숨어 있는, 소멸된 것으로 간주되었던 식물의 마지막 표본을 발견하고자 하는 이와 같은 시도는 현재 멀리 떨어진 섬들에서 일상적으로 행해지고 있는 활동이다. 그러한 식물들은 과학자들에 의해 언젠가 발견되고, 기술되고, 또 이름

---

1) Heliotropium pannifolium. Boraginacées.
2) Wahlenbergia linifolia. Campanulacées.

이 붙여져야 하며, 호적등본이랄 수 있는 것도 부여되어야 한다. 그렇지 않으면 그 식물들은 세계 식물 연감에 자신의 존재는 물론 최소한의 흔적도 남기지 않은 채 생명의 세계를 지나쳐 버리고 말 것이다.

이같이 놀라운 재발견의 움직임 속에서 몇몇 다행스런 경우가 우리의 주목을 끈다. 재발견 목록에 들어 있는 식물들은 유일한 견본으로만 존재하는 종들 중에서도 매우 '선별된' 클럽의 회원에 속한다. 정확하게 말해서 마지막으로 재발견된 표본이 그 종의 전체를 구성한다는 것이다. 이제 이 희귀하고 소중한 호기심의 내부로 들어가도록 하자.

세인트헬레나의 올리브[3]는 정확하게 올리브가 아니라, 검은 오리나무(**Black alder**)군에 속하는 식물이다. 이 식물은 소멸한 것으로 보고되었다가 1977년 재발견된 종으로, 오늘날엔 유일한 견본으로만 존재하고 있다. 이 식물에 대한 관심은 실리적 측면보다는 즉각적인 소멸의 길에 놓여 있는 종을 대표하게 된 그 식물의 역사에 있다.

이 작은 나무는 처음엔 다이아나 봉 주변 섬의 고지대에서 자신과 마찬가지로 세인트헬레나의 풍토성 식물인 고사리[4]와 섞여서 자라고 있었다. 1659년 동인도 회사가 섬을 차지했을 때 이 나무가 땔감으로 아주 적절하다는 사실이 알려졌고, 나무는 곧 파렴치하게 베어내지기 시작했다. 1875년 **J. M.** 멜리스는 세인트헬레나에 대한 글에서 섬에는 12-15그루의 나무만이 남아 있다고 기록했다. 그리고 그 후 섬에서는 더 이상 나무가 발견되지 않았다. 이젠 아무도 '세

---

3) Nesiota elleptica. Rhamnacées.

4) Dicksonia arborescens. Dicksoniacées.

인트헬레나의 올리브'에 대해 언급하지 않았고, 그때부터 식물학자들은 그 나무를 소멸한 것으로 여겼다. 1977년 8월 섬의 식물학자 조지 벤자민이 다이아나 봉 근처에서 나무를 발견했고, 이 재발견은 작은 폭탄 효과——세인트헬레나에선 모든 것이 작지 않은가!——를 가져왔다. 그리하여 지역 식물군을 재발견하고 보존하는 프로그램을 구체화하기에 이른다. 벤자민은 이미 나무의 열매를 옮겨 갔고, 그렇게 해서 네 가지 종이 멸종 위기에서 구해졌다. 그러나 다섯번째 종은 사라진 것으로 간주되었다. 이 다섯번째 종은 섬의 풍토성 식물인 고무나무[5]이다. 벤자민이 마지막 남은 한 그루를 구하려고 했을 때, 폭풍우가 그 나무를 절벽의 은신처로부터 떨어뜨리고 말았다. 그리하여 오늘날 그 나무는 식물원에서 재배되고 있음에도 불구하고 자연계에서는 사라진 것으로 간주되고 있다.

역설적으로 투쟁적 낙관주의의 물결을 일으킴으로써 전문가들에게 가장 큰 문제점들을 야기했던 것은 세인트헬레나의 올리브이다. 살아남은 최후의 나무는 사실 드물게 씨앗을 가지고 있지만 열매를 맺지는 못한다. 꺾꽂이 한 경우 수십 차례의 시도에도 불구하고 증거가 될 수 있는 결과는 아무것도 얻어질 수 없었다. 씨앗에서 태어난 새싹 2개를 마침내 모종했지만, 그것들은 생명을 보전하지 못하고 죽고 말았다——운명의 아이러니가 아닌가! 1984년 조지 벤자민이 영국 런던 근교의 큐 왕립식물원(Kew Garden)에서 세인트헬레나 식물군의 보존과 보급 플랜을 준비하기 위해 섬을 떠났을 때 일어난 일이었다.

늙고 병약한 풍토성 올리브나무는 식물 보존 활동 중에서는 거의

---

5) Commidendrum rotundifolium. Composées.

알려지지 않은 노력을 조명한다. 이 종의 경우에 있어서 씨앗의 배아와 꺾꽂이를 성공하기 위한 수많은 대책이 간구되었다. 그러나 나무는 그같은 기대에 부응하지 못했고, 종의 마지막 새싹도 생명력을 상실해 버리고 말았다.

완전히 사라져 버린 한 종의 마지막 유일 개체를 응시하면서 받게 되는 감동은 이루 말할 수 없는 것이다. 자기 주위에서 동족이 사라져 가는 것을 보다가, 결국엔 홀로 남게 된 한 종의 마지막 개체에 인간 존재를 대치시켜 보라. 어떠한 번식 수단도 상실한 채 자신의 최후, 인류의 소멸을 기다려야 하는 그런 상태를 상상해 보라. 인류의 종말은 태양계의 한 행성에서 결코 일어난 적이 없는 가장 큰 모험의 끝이 아니겠는가?

세인트헬레나의 올리브는 자신의 후원자들을 난처하게 만듦으로써 섬에 남은 유일무이한 견본으로만 존재하는 그런 유일 종이 아닌 것이 확실하게 되었다. 섬의 흑단나무인 트로케티옵시스(Troche-tiopsis)[6]는 칠흑같이 검은색 나무로서 이미 한 세기 전에 소멸된 것으로 간주되어 왔다 그러나 1980년 11월 섬의 식물학자 조지 벤자민——언제나 이 사람이다!——이 절벽 위에서 두 그루의 소관목을 발견했다. 인간의 이익을 위해 광범위하게 착취당한 흑단나무에 인간이 강요했던 가차없는 투쟁으로부터 다행스럽게 살아남은 두 그루의 소관목이었던 것이다. 흑단나무의 품위 있는 목재는 근사하게 세공되었고, 나무껍질은 가죽을 무두질하는 데 사용되었다. 그러나 이같은 용도로는 세인트헬레나처럼 협소한 섬에서 종의 소멸이 이르게 하기에는 충분하지 않았다. 나폴레옹이 그렇게 하겠다고 나선다

---

6) Trochetiopsis melanoxylon. Sterculiacées.

면 몰라도……. 그 시대에 흑단나무 목재는 석회를 생산하기 위한 목탄을 만드는 데 사용되었던 것이다. 그렇게 만들어진 석회는 섬의 가장자리 도처에 요새를 세우기 위해 시멘트로 변형되었다. 결국 엉망진창의 회반죽이 이 나무에 숙명적인 타격을 입히고 만 것이다. 그러나 이 나폴레옹의 감시자들은 최후의 한마디도 남기지 않았다. 1980년 재발견 당시 꺾꽂이에 의한 묘목의 보급이 기도되었다. 그리하여 섬에 2천여 개체가 식재되기에 이르렀다. 마침내 하나의 종이 구원된 것이다!

고온성 식물이지만, 모든 이웃이 그의 운명을 부러워하는 그런 종이 있으니, 바로 카카오나무군에 속하는 붉은색 트로케티옵시스[7]이다. 이 나무는 오늘날 자연계에서 유일한 견본으로만 존재할 뿐이지만 구원받은 종이다. 그러나 그 견본이 생식을 하여, 여러 식물원이 현재 어린 트로케티옵시스를 소유하고 있는 것을 자랑스럽게 여기고 있다. 자신의 형제인 흑단나무처럼 이 나무도 염소떼의 희생자였을 뿐만 아니라, 특히 타닌을 추출하기 위해 이 나무의 목재와 나무껍질을 이용했던 인간의 희생자이기도 했다.

그러나 카카오나무군에 속하는 나무들은 또 다른 특성을 가지고 있는데, 바로 꽃이 너무나 아름답다는 것이다. 붉은색 트로케티옵시스의 꽃은 지름이 5센티미터가 넘는다. 처음에는 눈부시게 흰색이었다가, 곧 장밋빛으로, 그리고 남쪽에 봄이 만개하는 11월에는 적갈색을 띤다. 과장되게 말하지 않더라도, 모든 식물학자는 이 나무의 꽃을 틀림없이 식물계에서 가장 아름다운 꽃 중의 하나로 여길 것이다. 아름다운 꽃들이 도처에서 위협받지 않았더라면 원예학이 그

---

7) Trochetiopsis erythraxylon. Sterculiacées.

런 아름다운 꽃을 참고하지 않았을 리 없을 것이다. 우리가 앞으로 보게 될 것이지만, 마스카렌 제도(Mascareignes, 모리스 섬과 레위니옹 섬)에서 너무 아름다운 꽃들을 발견하게 될 것이다. 그러나 그 꽃들 또한 링거를 지속적으로 맞아야 하는 처지에 놓인 그런 종들이다.

세인트헬레나에서 트로케티옵시스의 분포와 남인도양의 섬들에서 자생하는 트로케티아(Trochetia)와의 유사성은 이들 땅의 식물군을 접근시킬 뿐만 아니라 식물학적 친족 관계를 형성한다. 요컨대 이 친족 관계는 아프리카 대륙 남단의 여기저기에 여러 종이 공통적으로 분포하고 있다는 사실로 확인된다. 세인트헬레나 또한 마찬가지로 아프리카 대륙과 친족 관계를 형성한다. 예를 들어 펠라고니움(Pelargonium)[8]의 분포가 이를 입증해 준다. 식물학자들이 펠라고니움을 규정하는 것은 남아프리카에 널리 퍼져 있는 제라늄의 일종이라는 것이다. 그러나 세인트헬레나의 펠라고니움은 '위기에 처한' 종들의 목록, 그 중에서도 소멸 직전의 마지막 단계에 등장하고 있다. 펠라고니움은 바다에 인접한 접근 불가능한 벼랑 위에서 자라기 때문에 염소떼도 이 식물을 찾아낼 수 없었다. 펠라고니움은 그런 곳에서 물도 흙도 없이 몇 달 동안 살아갈 수 있다. 용감한 개척자 덕분에 1950년부터 염소떼가 통제됨에 따라 우리의 펠라고니움은 건강을 회복했다. 최선을 다해——최선을 다한다는 것이야말로 개척자의 전통적인 사명이다——펠라고니움은 토양의 1차 요소들을 발생시키고 그것을 만듦으로써 벼랑 위에 다른 풍토성 식물의 가장 기본적인 생존 조건을 만들어 냈다. 이같은 환경 조성의 수혜자 중에서 데이지와 비슷한 생김새의 덤불국화과 식물인 콤미덴드론(Commi-

---

8) Pelargonium cotyledonis. Géraniacées.

denendron)[9]이 있는데, 이 식물은 거의 사막 같은 조건이나 물보라에 의해 소금기가 생긴 토양 위에서도 생존할 수 있다. 이 국화과 식물은 자갈밭에 잎을 떨어뜨리는데, 이는 스스로에게 퇴비를 주는 것과 마찬가지이다. 이런 퇴비 주기 방식이 자신보다 훨씬 거칠고 억센 펠라고니움과 협력하면서 생존하는 그런 극단의 조건 속에서 콤미덴드론을 견딜 수 있도록 해주는 것이다.

연안 지방 벼랑 위의 식물, 펠라고니움과 콤미덴드론은 섬의 최후 보루에서 자생하는 대부분의 풍토성 식물들처럼 계급 사회를 구성하는 위험을 피하고 있다. 왜냐하면 생태학적 법칙이 가르치는 대로 각각의 식물, 각각의 생명체는 자신이 적응한 환경에서만 지속적으로 살아가고 생존할 수 있기 때문이다. 숲 속에서 이들의 씨앗이 발아에 성공한다 할지라도——발아할 가능성도 거의 없다——이 두 연안 지방의 풍토성 식물은 숲 속의 자생 식물들에 의해 금세 숨이 막혀 버리고 말 것이다. 숲의 풍토성 식물이 연안의 풍토성 식물보다 경쟁에 더 능숙하리란 것은 불을 보듯 뻔한 일이다. 숲 속의 식물은 바로 자기 자신의 영토 위에서 싸우는 것이기 때문이다.

세인트헬레나를 떠나기 전에 벼랑 위의 국화과 식물과 아주 가까운 사촌인 고무나무[10]에 마지막 인사를 하도록 하자. 그 옛날 섬의 지배자였던 교목성(喬木性) 종인 이 고무나무는 자신의 역사 속에서 건축 목재 역할을 맡았었다——이런 이유로 이 나무의 역사가 자신의 소멸을 재촉한 것이다. 그러나 세인트헬레나의 고무나무가 가진 매력은 1977년 섬의 상징으로 선포됐을 정도로 주목할 만한 것이다. 그

---

9) Commidendron rugosum. Astéracées.
10) Commidendron robustum. Asteriacées.

바람에 이 나무는 매우 정확한 개체 조사의 대상이 되었다. 그 조사로부터 총 6백 개체가 셈되었는데, 특히 롱우드에 있는 나폴레옹의 거주지 근처에서 많이 발견되었다.

불안정한 식물군, 특히 야생 염소떼와 인간의 과잉 채집에 의해 위기에 처한 식물군의 목록은 이쯤에서 접고자 한다. 개체가 하나, 둘 세어지는 식물의 분포란 분명 상상하기 쉬운 것이 아니다. 이같은 환경 조건, 특히 섬의 환경 조건은 육지에서는 거의 볼 수 없다. 육지에서는 균형의 단절이 그리 갑작스럽게 나타나지 않으며, 식물군의 확장 가능성도 뚜렷하게 크다. 육지에서 식물은 씨앗을 매개로 하여 매우 불쾌한 환경을 벗어날 수 있으며, 더 나은 거주지로 피신할 수 있기 때문이다. 대양의 한가운데에 감금된 상태로 놓여져 있는 섬 식물군의 종들에게는 어떠한 도피 가능성도 남겨져 있지 않은 것이다.

세인트헬레나의 수많은 종이 소멸해 버렸다. 오늘날엔 끝끝내 재생산되기를 거부하는 세인트헬레나 올리브만이 남았을 뿐이다. 오랜 세월에 걸친 재생산의 시도 끝에 결국 올리브나무 역시 소멸의 길로 접어들 것인가? 현재 세인트헬레나 올리브는 주변 식물군 속에 다시 뿌리를 내리기 위해 필요한 생명력을 찾지 못하는 시점으로 퇴화된 부류 중에서도 마지막 종인 것처럼 보인다. 오직 미래만이 섬의 소멸된 종이 이미 보여준 운명을 올리브나무가 이어갈 것인지를 말해 줄 수 있을 것이다. 섬에서는 초기의 식물학자들이 도착하기 이전에 사라진 많은 종이 있었고, 보다 드문 경우이지만 식물학자들의 모든 노력에도 불구하고 스스로 소멸되기를 원한 것처럼 보이는 그런 종도 있었다.

현재 극단의 위기에 처한 기타 풍토성 식물의 거의 대부분은 세계에서 가장 크고 가장 부유한 런던의 큐 왕립식물원에서 하는 것처럼,

현장에서 보호와 증식을 위한 많은 활동에 운명을 위탁하고 있다. 세인트헬레나에 있는 식물학자 한 사람이 바로 이같은 활동의 한가운데에 있다. 그러나 우리는 여기 영국의 영토 안에 있으므로, 식물에 대한 전설적인 애착만을 느낄 수 있을 뿐이다.

우리가 앞으로 답파하게 될 여러 섬에서처럼 세인트헬레나에서의 탐험은 식물의 운명에 대해 명상하는 것에 그치게 하지 않고, 어느 정도는 인간의 운명에 대해서도 명상을 하게 만든다. 오늘날 광범위한 보호 시책이 인간과 가축의 급작스런 침입에 의해 ‘위기에 처한 식물’을 구하기 위해 전개되었다. 그러나 ‘위기에 처한 인간’에 대해서는 어떤 보호 시책이 있는가? 위협받는 식물에서 유추하건대, 최근 몇 세기 동안 신대륙의 정복에 따라 발견된 원주민과 그들의 문화가 마찬가지로 보호를 받지 못했다는 사실, 즉 원주민이나 인종의 집단 학살을 피하지 못했다는 사실은 유감이 아닐 수 없다. 슬프게도 양심을 자각하는 시간이 필요했던 것이다. 지역 경제, 즉 ‘사회적 풍토성’을 ‘경제의 세계화’라는 이름으로 거부한 자본주의라는 광견병을 어떻게 설명할 것인가? 더구나 이같은 현실을 떠올리는 것만이 즉각적으로 보호주의라는 말을 의심쩍게 만드는 그런 시점에서 어떻게 자본주의라는 광견병을 설명할 것인가? ‘보호하다’라는 말이 암시하는 것처럼 보호주의란 말은 멸시의 뜻을 내포한다. 이같은 관점에 따라 오늘날 너무 유행처럼 사용되는 보호주의란 말은 모든 전통을 멸시하고, 인간과 그 문화의 다양성을 부정하고, 지역 경제의 고유성을 무시한다는 사실을 시인하고 있는 것이다. 오직 상품의 자유 교역이라는 명목 아래에 지역 경제를 말살하고, 세계의 이쪽 끝에서 저쪽 끝으로 ‘생산자-소비자의 규격’을 촉진하기 위한 목적이 있을 뿐이다. 그리하여 이 규격의 반대 이미지, 즉 실업자가 등장하게 된다. 또한 마찬가지로 이들은 균형을 깨뜨리는 것에 몰두한다. 예를 들어 세계무역기구(WTO)의 무력 법칙은 현행 경제 체제를 파기하고, 동시에 그 '완고함'을 깨고, 질서의 규칙을 무너뜨리고, 탈지역화, 탈폐쇄화하도록 강요한다. 이는 지역 경제의 현실을 무시하여 살인적 결과를 초래하는 맹목적 경쟁의 안전 장치를 풀어놓을 뿐이다.

그리하여 지역 경제가 맹렬하게 저항하기에 이른 것이다. 예를 들어 경제 생활의 일정 부분——에너지, 특히 철도——을 국제 경쟁에서 제외시켜야 한다고 주장하며 격앙된 자유주의에 실망감을 표출하는 '프랑스식 공공사업'에 대한 토론을 지켜볼 수 있다. 뿐만 아니라 자국의 어민을 보호하려는 스페인의 태도도 그 한 예이다.

이처럼 우리는 끊임없이 다양성을 창조하고 획일성을 거부하는 인생의 법칙에서 무모하게 벗어나고자 할 수 있다. 사실 '사회적 풍토성'이 사라지는 것을 보고싶지 않다면 이곳 저곳에서 그것을 보호해야 한다. 이런 식으로 하여 1993년 관세무역일반협정(GATT) 때, 프랑스 영화가 경쟁 게임에서 제외되었다. '문화적 예외'의 반열에 올려져, 프랑스 영화는 할리우드 영화와의 경쟁에 저항할 수 있도록 정부로부터 보조금의 수혜를 계속 받게 된 것이다. 그러나 이 경우는 국제 경쟁의 규칙을 인정하면서 강압적으로 겨우 얻어낸 예외일 뿐이었다. 규칙, 그것은 격렬한 경쟁이다. 시기 적절하게 '대응'하는 법을 몰랐고, 그렇게 할 수도 없었으며, 또 그렇게 하기를 원하지 않았기 때문에 경제 생활 전면이 붕괴될 운명이라고 하더라도 규칙은 격렬한 경쟁인 것이다. 바로 이런 사실로부터 다음과 같은 사상이 나오게 된다. 즉 식물이 보호받는 것처럼 당연히 인간과 그들의 경제 구조를 보호해야 한다는 것, 특히 과잉으로부터 끊임없이 보호해야 한

다는 것이다. 여기에서 다음과 같은 질문을 제기하지 않을 수 없게
된다. 즉 인간의 풍토성, 다시 말해서 지역적 환경과 전통의 다양성
을 무시하고 억누르는 그런 세계를 어떻게 이해할 것인가? '대응'하
지 못하는 하나의 대륙——아프리카——전체를 주변부로 몰아넣는
그런 세계를 어떻게 이해할 것인가? 탈지역화와 '얼룩때 벗겨 내기'
방식으로 운용되는 세계 경제의 새로운 요구에 '대응'한다고 자처하
는 그런 세계를 어떻게 이해할 것인가? 풍요함을 약속하면서 동시에
빈곤을 만들어 내는 그런 세계를 어떻게 이해할 것인가? 대응하라고?
분명 그러면 될 것이다. 그러나 무엇에 대응한단 말인가? 세계 경제
의 요구가 아무도 증명하지 못한 새로운 도그마라고 할지라도 그러
한가? 거대한 세계 시장에서 기대되는 혜택은 불분명하며, 더군다나
모든 이에게 확실하게 돌아가는 것도 아니다. 기술의 발달이 몰고 온
세계화의 실질적 결과는 분명 생산을 증가시키고 있지만, 고용을 와
해시킨다. 결국 인간 자신이 그 희생양이 된 것이다. 인간은 경제가
인간 자신을 위해 만들어진 것이지 자신을 해치려고 만들어지지 않
았다는 사실을 너무 늦게 깨닫고 말았다. 분명 경쟁은 가장 강한 자
들 사이에서 작용한다. 그러나 경쟁이 가장 약한 자들을 희생시키고
이루어져서는 곤란하다. 풍토성 식물을 보호하는 것, 그것은 인간에
게서처럼 식물에게서도 가장 약한 자, 소수를 보호하는 일이다. 가장
강한 자와 가장 약한 자 사이에서 억압하는 것은 자유이며, 해방시
키는 것은 정의이기 때문이다. 이 격언이야말로 우리 시대가 심사숙
고해야 할 가장 큰 관심거리가 아니겠는가!

　필자는 '유일종 팬지꽃'과 너무 멀리 떨어져 있다는 사실을 분명
히 알고 있다. 그러나 식물학자들은 수많은 팬지꽃의 종이 존재한다
는 사실을 잘 알고 있다. 그 중에서 가장 공통적인 것이 제비꽃과 야

생 팬지이다. 야생 팬지는 앞으로 확인하게 될 것이지만 사회적 '야
생성'을 잘 조명해 준다.

10

마다가스카르에 밤은 오고

마다가스카르에서 석 달간의 체류를 마친 후 식물학자이자 탐험가인 조셉 필리베르 코메르송은 1771년 4월 18일 다음과 같이 기술했다. "바로 마다가스카르이다. 내가 자연주의자들에게 진정한 선택받은 땅임을 천명할 수 있는 곳이 바로 여기이다. 마다가스카르야말로 자연이 성스러운 땅에 은둔한 것처럼 보이는 그런 곳이다. 자연이 다른 곳에서 복종하는 것과는 다른 그런 형태로 스스로를 형성하기 위하여 숨어 버린 곳이 바로 마다가스카르이다. 그곳에서는 가장 색다르고 가장 경이로운 형태들이 매 걸음마다 서로 조우하고 있다." 이처럼 코메르송은 이 거대한 섬이 동물군에서와 마찬가지로 식물군에 있어서도 진정한 실험실 자체라는 것을 통찰력 있게 간파했던 것이다. 이 실험실에서 자연은, 예를 들어 가까이 있는 아프리카에서 만났던 전형들과는 명백하게 다른 모습을 보여주고 있다.

프랑스, 벨기에, 네덜란드를 합친 것과 같은 크기의 면적을 가진 마다가스카르는 그린란드(Greenland), 뉴기니(New Guinea), 보르네오(Borneo)에 이어 지구에서 네번째로 큰 섬이다. 1억 7천5백만 년 전에 아프리카 대륙에서 떨어져 나와, 그때부터 고립된 이 섬은 하나의 놀라운 실험실을 형성하고 있다. 그 실험실 안에서 코메르송 시대에는 알려지지 않았던 진화 과정이 마음껏 진행되었던 것이리라! 또한 그 섬에서는 세상 어디에서도 볼 수 없는 풍토성, 그 섬만의 특산 동식물이 80-85퍼센트를 차지하고 있다. 이같은 진화의 화려함은 특히 총 1만 2천 종을 헤아리는 섬의 식물종에서 최소한 9백50종의 풍토성 종을 차지하고 있는 난초과 식물군에서 두드러진다. 1억 7천5백만 년 전에 고립되면서부터 진화는 이 대륙 같은 섬에서 특이종을 낳는 데 충분한 시간을 가질 수 있었던 것이다.

마다가스카르는 까마득한 옛날 남반구의 거대 대륙이었던 곤드와나(Gondwana)의 폭발로 인해 생성되었다. 곤드와나가 해체되면서 오스트레일리아, 뉴질랜드, 남극 대륙, 남아메리카, 인도, 그리고 세이셸 제도가 생성되기도 했다.

아프리카에서 분리되면서 마다가스카르는 현재의 탄자니아와 케냐의 연안 지방에 각력암(角礫岩)의 홈을 만들었다. 이 거대한 섬의 고립은 점진적이었다. 섬이 떠밀려 가는 동안 아직 대륙에 근접해 있었던 만큼, 대륙과의 접촉은 유지되고 있었다. 예를 들어 종자는 철새가 날라다 주거나 물과 바람에 의해 흩뿌려질 수 있었다. 또한 나무둥치 위에 좌초된 동식물이 해안을 따라 밀려오기도 했다.

이 시대에 마다가스카르는 숲이 우거져 있었고, 식물은 아프리카 대륙의 그것이었다. 아프리카와의 차별화가 이루어진 것은 고립이 되고 나서부터이다. 오늘날 섬에서 서식하는 포유 동물은 배를 타고, 틀림없이 나뭇가지를 움켜쥐고 섬으로 건너온 대담한 식민지 건설자들의 후손이다. 오직 이 2차 시기에 포유 동물이 나타나기 시작했고, 공룡이 지구를 지배하고 있었다. 다른 곳에서처럼 섬에서도 공룡은 6천5백만 년 전에 사라졌다. 이주자의 물결은 3천5백만 년 전부터 증가하기 시작했다. 그 무렵 지구의 모든 대양들은 가장 해저가 낮을 때였다. 그러나 섬이 대륙에서 남동쪽으로 떨어져 나가고 있을 때 그 시대에 태어난 동물이 섬에 도달한 경우는 더 이상 일어나지 않았다. 그리하여 1백50여 종을 헤아리는 섬의 풍토성 개구리 중에서 두꺼비도 도롱뇽도 더 이상 발견되지 않는 것이다. 또한 독사도 섬에 정착하지 못했다. 사자도 표범도 없으며, 들개나 자칼 같은 기타 육식 동물도 그곳에는 더 이상 있지 않다. 뒤늦게 나타난 육식 동물들은 이미 유달리 넓어진 모잠비크 해협을 결코 건널 수 없었던 것이다. 원숭이도 마찬가지이다. 포유 동물은 특히 여우원숭이류(Lemuroid)가 대다수를 차지한다. 언제나 놀란 것처럼 커다란 둥근 눈을 가진 이 놀라운 작은 동물은 너무 늦게 나타나서 해협을 건널 수 없었던 원숭이가 결코 차지하지 못했던 섬에서의 자리를 점유하고 있다.

사촌 격인 원숭이와의 경쟁이 없는 상태에서 여우원숭이는 마다가스카르에 정착한 후 놀랍게 번창했다. 이곳에서는 단 한 가지의 경쟁이 존재했는데, 그것은 여우원숭이에게 해당되지도 않았다. 아프리카와 아시아에 생존하고 있는 여우원숭이는 연약하고, 외따로 떨어져 살고 있으며, 야행성이고, 곤충이나 잡아먹고 산다. 몸집이 크고 낮에 활동하며, 원숭이 무리에 방해를 받지 않고 가족이나 무리 단위로 살고 있는 여우원숭이는 마다가스카르에서만 발견될 뿐이다. 대다수를 차지하는 이들이야말로 섬의 지배자인 것이다!

섬에는 30여 종의 여우원숭이가 있는데, 그 중에서 인드리(Indri)는 키가 0.8미터나 되고, 검고 흰 아름다운 털, 특히 목소리에 의해 유달리 눈에 띈다. 이 여우원숭이는 바로 노래하는 동물이기 때문이다. 무리가 멀리 떨어져 있으면, 인드리의 노래는 이를테면 마다가스카르의 국가(國歌)가 된다. 희귀종인 신사 여우원숭이(Hapalemur)는 대나무를 먹는다. 1986년에야 발견된 황금빛의 이 여우원숭이는 오늘날 과학에 있어서도 몸집이 큰 새로운 포유 동물 중에서 제외되어 있는 것이 있다는 사실을 증명해 준다. 대나무를 먹는 여우원숭이에는 3종이 존재한다. 그러나 이 종들은 중국 판다처럼 거대한 초본 식물을 위협하지는 않는 것처럼 보이며, 독점적인 음식물을 섭취한다. 이 여우원숭이들은 라노마파나(**Ranomafana**) 숲에서만 서식한다. 마찬가지로 좁은 지역에 국한되어 서식하는 수다쟁이이며, 간혹 괴성을 지르는 흰 이마 여우원숭이는 마소알라(**Masoala**) 반도에서나 만나 볼 수 있다. 마지막으로 다람쥐원숭이(**aye-aye**)는 박쥐의 귀, 비버의 이빨, 멧돼지의 털, 여우의 꼬리에 손가락이 하나 더 달린 손이 합쳐진 모습을 하고 있다. 여분의 손가락은 다람쥐원숭이에게 가장 놀라운 능력을 수행할 수 있도록 해준다. 예를 들어 다람쥐원숭이는 만지고, 측량하고, 잡아뜯고, 즙을 짜고, 끄집어 낼 수 있다. 호기심을 자극하고 때론 걱정을 끼치기도 하는 행동 때문에 다람쥐원숭이에 대해 수많은 전설이 전해져 온다. 말해지기를 다람쥐원숭이는 한 사람 이상의 목숨을 잃게 한다고 한다. 그러나 다람쥐원숭이는 야자 열매를 차지하기 위해서만 약탈자의 기습 공격을 감행할 뿐 평화를 사랑하는 동물이다.

그러나 2천 년 전 해상로를 통해 말레이 군도와 인도네시아로부터, 그리고 아프리카로부터 인간이 넘어오기 시작했다. 인간은 거대한 섬의 자연 환경을 급속도로 변화시켰다. 우리의 아주 먼 조상을 보게 해주는 매우 오래된 영장류, 여우원숭이는 귀찮은 사촌들의 침입으로 희생을 감수해야 했다.

모든 풍토성 여우원숭이 종은 그들이 서식하는 숲으로부터 후퇴함으로써 위기에 처하고 말았다. 이들을 보호하기 위한 몇몇 시도가 있었다. 그리하여 다람쥐원숭이에게 노시 망가베(Nosi Mangab) 섬이 남겨지게 되었다. 그러나 거대한 섬의 급속한 황무지화는 보호 정책을 어렵게 만들고 있다. 그리하여 마다가스카르에는 오직 위기에 처한 동식물만이 있을 뿐이다. 섬 자체가 위기에 처하고 만 것이다.

　게다가 고릴라만한 크기의 거대한 여우원숭이의 종은 오래전 사라져 버렸다. 3미터에 무게가 거의 4백50킬로에 달하는 거대한 새인 마다가스카르 타조류(Aepyornis)는 더 이상 생존하지 않으며, 섬으로 넘어오지 못했던 대륙의 많은 초식 동물과의 경쟁이 필요없어서 섬의 풀을 거의 독차지했던 거대한 거북도 더 이상 만나 볼 수 없다. 이 모든 동물들이 국제 동물 분포도에서 '소멸된' 종 목록이 만들어지고 있었던 16-19세기 사이에 사라져 버렸다. 우리는 여기에서 '거대 동물'이 특히 사냥의 희생물로 먼저 사라졌으며, 그 사이 작은 동물들이 극소수로 줄어들었다는 사실을 주목하게 된다. 바로 이같은 방식으로 마다가스카르 동물들에 대한 식민지배가 이루어졌다. 이와 같은 관점은 최근 수십 년 동안 진화에 대해 그토록 불분명한 우리의 지식을 완전히 바꿀 수 있도록 해줄 수 있었다.

　그렇다면 식물군은 어떠한가? 마찬가지로 매우 특이한 종들로 이루어져 있다. 80퍼센트가 넘는 풍토성 종으로 이루어진 식물군은 다른 곳에서는 존재하지 않는 놀라운 식물 컬렉션을 형성한다. 예를 들어 전형적으로 아프리카산인 바오밥나무는 마다가스카르에서도 자생한다. 하지만 아프리카산이 유일종인 데 반해, 마다가스카르에는 그외에 7종이 더 있다. 가죽부대처럼 부풀대로 부푼 줄기를 가진 이 거대한 나무들은 식물계에서 건조한 기후에 가장 잘 적응한 나무 중 하나라는 사실을 조명해 준다. 바오밥의 줄기는 아름다우며 물로 가득 채워진 가죽부대이기 때문이다. 마다가스카르 사람들은 건조한 해

에 이 나무줄기를 거대한 급수탱크로 유익하게 이용한다. 사람들은
나무를 베어 세로로 잘라낸 후 부족에게 물통 대용으로 제공한다. 아
주 큰 바오밥 한 그루는 10톤의 물을 함유할 수 있다.

마다가스카르에서 가장 큰 바오밥은 전형적인 아프리카산[1] 견본이
다. 이 나무는 섬의 북부 지역인 마웅가(Mahunga)의 해안선을 따라
자생하는데, 줄기 밑 부분의 둘레가 14미터가 넘는다. 바오밥은 키
와 둘레 때문에 자연스럽게 '기록 관련 서적'에 등장하고 있다. 여러
책에서 이 나무의 나이에 대한 기록이 나와 있는데, 특히 《퀴드》에
서는 5천1백50년을 부여받고 있다. 이미 보았듯이 이것은 장수 기록
중에서는 추월당한 기록이다.

마다가스카르에서 가장 아름다운 바오밥으로 알려진 나무는 식물
학자 알프레드 그랑디디에에 헌정된 것이다.[2] 이 나무는 식물계의 광
채라 할 만한데, 모롱다바(Morondava) 근처의 동쪽 숲에 자생한다. 이
지역과 벨로-쉬르-메르(Belo-sur-Mer) 사이에 난 길에 이 날씬한 거
인들이 늘어서 있는데, 절대적으로 매끈하고 벌거벗은 이 나무의 줄
기는 초라한 나뭇가지 때문에 더 날씬해 보인다. 이는 나무들이 악
마에 의해 뽑혀서 공중에 뿌리를 옮겨 심었다는 느낌을 갖게 하기에
충분하다. 마다가스카르 사람들이 즐겨 말하는 것처럼 말이다. 투박
한 모습, 기관의 불균형 때문에 이 나무들은 탈리도미드(진정제의 일
종으로 임산부가 먹으면 기형아를 낳음)의 가련한 희생자, 팔다리가 퇴
화한 유전변이 아이를 떠오르게 한다. 영구적으로 재생될 수 있는 이
상한 능력을 가진 나무껍질 때문에 사람들은 악의 없이 껍질 채취를

---

1) Adansonia digitata. Bombacées.
2) Adansonia grandidieri. Bombacées.

할 수 있다. 생김새 때문에 더욱 놀라운 것은 붉은 꽃을 피우는 수아레즈 바오밥(baobap Suarez)이다. 이 나무의 매우 굵은 줄기와 수평으로 뻗은 2-3개에 불과한 초라한 나뭇가지는 와인따개를 상기시킨다. 마찬가지로 섬의 남서쪽 건조한 총림지(bush)에서 자생하는 포니 바오밥(baobap fony) 또한 생김새가 특이하다. 높이가 2-5미터밖에 안 되는 이 작은 바오밥은 줄기가 괴물처럼 두껍고, 남반구에 겨울이 와 잎이 떨어지면 나뭇가지가 완전히 뿌리처럼 보인다. 이때 사람들은 나무를 보고 땅에 가죽부대가 부풀린 채 놓여 있는 착각을 하게 된다. 포니 바오밥은 사이다병처럼 생긴 나무가 아니라, 항아리처럼 생긴 나무인 것이다.

그러나 바오밥이 줄기에 물을 채워넣는 급수탱크를 가진 유일한 종은 아니다. 마다가스카르에서 '물병,' '가죽부대'나 '급수차' 같은 나무와 소관목의 카탈로그를 펼치는 것을 여기에서 끝낼 수는 없을 것이다. 우리는 그 중에서 마삭나무과에 속하는 파쉬포드 종(Pachypode de baron)[3]만을 선별하고자 한다. 배가 불룩한 유선형의 꽃병──나무줄기──을 상상해 보라. 그 꽃병이 땅에 놓여져 있고, 꽃병엔 화려한 장밋빛의 꽃다발이 꽂혀져 있다. 그 꽃들은 꽃잎이 다섯 장이며 나선형으로 배열되어 있는데, 각각의 꽃잎은 앞선 꽃잎에 의해 포개져 있고 가장자리가 다음 꽃잎을 포개고 있다. 바오밥처럼 메마른 계절엔 잎이 떨어지는데, 이는 건조함에 저항하는 또 다른 방식으로 간주되어야 한다. 발한 기관을 제거함으로써 식물은 발한 작용, 즉 물에 대한 요구를 감소시키게 되는 것이다. 땅이 메마르거나, 우리의 기후에서처럼 얼어 버리면 땅은 더 이상 물을 제공하지 못한

---

3) Pachypodium baronii. Apocynacées.

다. 따라서 나무는 자신의 거추장스러운 잎을 없애 버림으로써 동면에 빠지는 방법을 '발명했다.' 그리고 비가 내리면 잎이 다시 돋아나고, 돋아난 잎으로 광합성 작용이 다시 가동되는 것이다.

파쉬포드종에 속하는 대부분의 나무에는 가시가 있다. 건조 지대 식물들에게서 일상적인 또 다른 전략은 잎을 가시로 대체하는 것인데, 이렇게 함으로써 발한 작용에 의해 야기된 수분의 결핍 문제를 어느 정도는 구조적으로 해결할 수 있다. 가시는 발한을 하지 않기 때문이다. 가시는 때론 낙엽과 공존하다가, 때론 녹색의 지방성 줄기와 공존하기도 한다. 왜냐하면 바로 거기에 광합성 작용을 가능케 하는 엽록소가 있기 때문이다!

여기에서 우리는 선인장에 대해 생각해 보고자 한다. 하지만 아프리카에는 선인장이 없다. 선인장과에 속하는 식물군은 독점적으로 아메리카에 있다. 그러나 하나의 예외가 있는데, 그것이 바로 립살리스(Rhipsalis)속(屬)이다. 립살리스는 씨앗이 해류의 흐름에 의해 운반될 수 있는 능력 덕택에 아메리카에서 아프리카로 저절로 수출되었다. 이렇게 해서 하나의 립살리스종[4]이 마다가스카르 식물군에 모습을 나타내기에 이른 것이다. 이 가시 없는 선인장은 생태계의 진정한 곡예사라 할 만하다. 왜냐하면 이 선인장은 습한 열대림의 나무 위에서도, 건조한 바위 위에서도 아주 잘 살기 때문이다.

그러나 마다가스카르에 선인장[5]이 거의 없기 때문에, 그 대신 섬은 특별하게 화려한 선인장 모양의 식물종으로 채워져 있다. 우리는 마다가스카르에서 모습이 선인장과 혼동하리만큼 흡사한 등대풀속

---

4) Rhipsalis cassitha. Cactacées.
5) 마다가스카르에서 발견되는 선인장은 모두 인간에 의해 아메리카에서 수입된 것이다.

(euphorbia)을 발견할 수 있다. 오로지 꽃이 선인장과의 차이점을 드러내 줄 뿐이다. 등대풀의 꽃은 아주 미소한 반면, 선인장의 꽃은 꽤 큰 크기에 장식이 아주 화려하다. 너무 미소하여 꽃이 없어 보임에도 불구하고 등대풀은 아주 조금만 흠을 내도 흔히 유독성인 흰색의 끈적끈적한 유액(乳液)을 많이 분비함으로써 두드러져 보인다. 선인장은 결코 이런 특성을 갖고 있지 않다.

거대한 섬은 전체적으로 풍토성인 하나의 식물군이 신기하게도 선인장을 닮은 11종을 헤아리고 있다는 사실에 대해 자랑스러워한다. 그 식물군은 바로 식물학자 알프레드 그랑디디에의 이름을 딴 디디에레아속(Didiéréacées)이다. 이 식물군은 선인장 모양의 등대풀과 함께 마다가스카르 남서부의 밀도 있는 독특한 식물대, 즉 총림지를 형성한다. 이 건조한 총림지에는 풍토성 종이 거의 1백 퍼센트에 이르는데, 이는 일종의 세계 기록인 셈이다.

불행하게도 최근 몇 년 동안 마다가스카르가 겪은 경제난에 건조한 기후가 설상가상으로 더해졌다. 건조하다는 것은 곧 집중 벌목을 의미했다. 따라서 행동이 있어야 했다. 낭시(Nancy) 식물연구소 겸 식물원에서 파견된 코린 앙리 샤르티에와 필립 앙리[6]가 1993년 위기에 처한 식물종의 씨앗과 꺾꽂이 가지를 수집하는 임무를 수행했다. 7월 1일부터 15일까지 코린과 필립은 총 3천5백 킬로미터를 답파했는데, 그 중에서 1천5백 킬로미터는 남부 지방이었다. 그들은 수도인 안타나나리보(Antananarivo)에서 멀어지는 것에 두려움을 느끼며 거의 주민이 살지 않는 데다가 어렵게나 들어갈 수 있는 오지를 가로질렀다. 이오지(Ihozy) 남쪽은 특히 자갈 도로가 깔려 있었지만, 그나마 파손

---

6) C. Henry-Chartier et P. Henry, 《로렌 지방의 식물》, n° 2, 1994.

이 심했다. 바로 그 지대에서 등대풀, 디디에레아와 몇몇 풍토성 바오밥이 발견되었다. 그리고 30종이 수집되었다. 수집된 종들은 어린 식물이 충분한 양으로 획득되면 고향으로 되돌려지기 위해 낭시 식물원에서 '양육될 것'이었다.

그러나 디디에레아는 식물학자들에게 단순히 보존의 문제만을 제기하지는 않았다. 문제는 디디에레아의 정체성에 관한 것이었다. 선인장과와 선인장 모양의 등대풀과에 흡사한 디디에레아는 과연 무엇인가? 그 독특한 꽃이 증명하는 것처럼 선인장과에도 등대풀과에도 속하지 않는 디디에레아는 무엇이란 말인가?

몇몇 디디에레아의 종은 가시가 곤두선 선인장 모양의 잔가지 다발을 형성하고 있다. 이들은 높이가 10-15미터까지 이른다.[7] 다른 종은 사바나(Savanna) 지대의 아카시아 나무처럼 파라솔을 펴놓은 듯한 줄기를 가진 나무의 형태를 하고 있다.[8] 또 다른 하나의 종[9]은 가시가 돋아난 두툼한 어린 녹색의 잔가지가 땅 위에 덩굴을 뻗도록 한 다음에 수직으로 일어서는데, 바로 거기에서 새싹이 수평으로 돋아나게 된다. 이러한 형태는 전체적으로 그물이나 디딤돌을 쌓은 듯한 독특한 모양새를 보여준다. 한 가지 종을 제외하고 이 모든 디디에레아의 종은 매우 거친 가시를 갖추고 있다.

게다가 이 지방성 식물들은 평범하고, 평평하며, 단순한 모양에다가 약간의 자양분이 있는 작은 잎을 갖추고 있는데, 그 잎들은 건조한 계절이 되면 떨어진다. 베네치아풍의 겉창처럼 잎은 태양의 운행을 고려하기 위해 낮 동안 태양의 방향에 따라 엽편(葉片)이나 가장자

---

7) Didierea madagascariensis. Didiéréacées.

8) Alluaudia comosa. Didiéréacées.

9) Didierea trollii. Didiéréacées.

리를 햇볕에 드러내면서 잔가지를 뒤덮는 방식으로 배치되어 있다. 마다가스카르의 남동부에서 이 거대한 가짜 선인장들이 서 있는 모습을 보는 것만큼 인상적인 일은 없을 것이다. 그곳은 벌채가 끊임없이 진행되고, 따라서 디디에레아의 미래가 막대한 위기에 처해진 그런 지대이다. 요컨대 디디에레아의 미래는 많은 부분 선인장, 그리고 선인장과 비슷한 식물을 수집하는 정통한 식물학자들의 손에 달려 있다.

프랑스 식물학자 바이용은 처음에 발견된 디디에레아에 제자이자 친구인 알프레드 그랑디디에의 이름을 명예롭게 하겠다는 의미에서 마다가스카르의 디디에레아(Didierea madagascariensis)라는 명칭을 부여했다. 바이용은 처음에 그랑디디에라(Grandidiera)라 불렀지만, 알프레드 그랑디디에가 이미 어떤 수생 식물에 자신의 이름을 붙여 놓은 터였다. 따라서 바이용은 혼동을 피하기 위해 디디에라(Didiera)라는 속명(屬名)을 부여했다가, 어떤 미스터리한 이유로 결국 디디에레아라는 명칭을 확정했다.

파리 국립자연사박물관의 여러 문서를 보면, 바이용이 디디에레아를 분류할 수 있는 식물군을 발견하기 위한 난관에 동참했음을 알 수 있다. 처음에 그는 디디에레아가 등대풀과에 속한다는 어느 한 동료의 가설을 제외시켰다. 사실 단순히 꽃을 관찰해 봐도 명백하게 다르다는 것이 입증되기 때문이다. 다른 여러 가설에 대한 토의를 거듭한 후에, 그는 마침내 디디에레아를 무환자과(Sapindacées) 식물군에 포함시키기에 이른다. 그 식물군은 전나무가 속한 식물군과는 완연히 다르지만, 중국 여주(chinese litchi)가 속한 식물군이다.

이때 식물학자 래들코퍼가 등장한다. 그는 디디에레아를 장군풀(rhubarb) 식물군인 여뀌과(Polygonacées) 근처에 위치시켰다. 그러나

이 가설은 곧 식물학자 슈(Choux)의 논증에 근거하여 반박되었는데, 그는 디디에레아를 무환자과에도 여뀟과에도 분류시키기를 바라지 않았을 뿐만 아니라 등대풀과에 포함시키는 것도 용납하지 않았다. 불분명하지만 유사성을 가지고 여러 식물 근처를 배회하는 디디에레아를 위해 슈는 1929년 마다가스카르에만 독점적으로 자생하는 모두 11종으로 구성된 새로운 식물군을 창안했다. 바로 디디에레아군이다.

디디에레아군은 이렇게 수십 년에 걸친 정체성의 소용돌이를 거친 후 자신을 발견하기에 이른다. 그렇다고 해서 식물학상의 분류에 있어서 이 식물군의 위치에 대한 수수께끼가 완전히 풀린 것은 아니다. 따라서 디디에레아종들이 스스로 하나의 식물군을 형성하고 있는 것으로 간주된다 하더라도, 광대한 나무의 족보, 즉 식물의 분류 속에서 디디에레아의 위치를 찾아야 하는 일이 아직 남아 있는 것이다. 여기저기로 디디에레아를 산책시키는 수많은 가설이 나온 후에야 마침내 딜레마가 해결된 것은 바로 그 식물의 화학적 특성 덕택이다. 사실 수많은 식물학적 특질을 공유함으로써 외형적으로 유사한 선인장과처럼, 그리고 '자갈 식물'로 유명한 남아프리카 사막 지대의 사철채송화(Mesembryanthemum)처럼, 디디에레아군은 독특한 색소의 변종을 함유하고 있다. 그것은 식물계에서 오직 유일무이한 집단에서만 발견되는 베타-시아닌(beta-cyanine)이다. 이 성분이 디디에레아와 선인장의 유사성을 증명할 정도로 충분히 결정적인 만큼, 디디에레아가 선인장의 친족으로 분류될 수 있었다. 이렇게 해서 디디에레아군을 '마다가스카르의 선인장'으로 보는 것이 완전히 틀린 것은 아니다. 베타-시아닌은 소그룹 식물군을 서로 근접시키는데, 이 특성은 무(프랑스어로 베테라브)와 푸른색(시아닌, 즉 청색소)을 연상시킨다. 이처럼 베타-시아닌은 예쁜 색소의 컬렉션을 지칭하고, 그 컬렉션에는 홍당무의 색소도 포함된다(그러나 붉은 배추는 포함되지 않는다).

우리는 지금 이 거대한 섬의 방문을 계속해 나가고 있다. 그러나 우리의 방문은 이 섬의 상징인 길손나무(Arbre du Voyageur)를 발견하면서부터 시작됐어야 했다. 이 유명한 길손나무(Ravenala)[10]——문자 그대로 해석하면 '숲의 잎사귀'——는 잎 때문에 바나나나무와 흡사하지만, 줄기가 있다는 점이 틀리다. 길손나무의 거대한 잎은 나무에 널따란 부채의 형상을 부여하면서 일정한 높이로 뻗어 있다. 즉 나무줄기 꼭대기에서 잎사귀들은 가장 미학적인 효과를 나타내며 서로 겹쳐져 있는 것이다. 나무의 밑동에는 물이 고이는데, 이 때문에 이 나무가 길손들의 갈증을 풀어 주는 것으로 간주되었다. 여기에 길손나무라는 명칭의 유래가 있다. 그러나 사실 이 나무는 결코 목마름을 해소시켜 주지 못한다. 물 속에는 파리, 모기, 애벌레를 비롯해 각종 벌레들이 우글거려 전혀 마실 엄두가 나지 않기 때문이다. 그러나 길손나무의 위풍당당한 풍채는 모든 열대 식물원에 자신의 씨를 뿌릴 것을 종용하고도 남음이 없다.

마다가스카르에서 길손나무는 동부 산악 지대에 광범위한 자생지를 형성하고 있다. 그 결과 이 종은 결코 위협받지 않는 것처럼 비쳐진다. 멀리서 보면 초록의 거대한 부채들의 자생지는 타조 깃털로 만든 부채인 플라벨리가 황제를 둘러싼 채 더위를 식혀 주고 있을 비잔틴의 고대 궁전을 연상시키는데, 비잔틴의 플라벨리는 그곳에서 할 일이 끝나면 교황의 궁전으로 가서 다시 똑같은 역할을 하게 될 것이었다. 플라벨리는 교황이 의식 때 타는 가마이지만 전혀 안락하지 못한 세디아 제스타토리아와 같은 시기에 교황 바오로 6세의 염원

---

10) **Ravenala madagascariensis. Strelitziacées.**

에 따라 사라지고 말았다.

언제나 마다가스카르에서는 난초과 식물들이 또 다른 인상적이고 독창적인 식물 컬렉션을 보여준다. 특히 너무나도 유명한 안그레아쿰 세스크위퍼덜(Angraecum sesquipedale)은 수천 종에 이르는 마다가스카르산 난초과 식물 중에서(이는 아프리카산 난초과보다도 많은 수이다) 등대품종에 속한다. 혜성란(comet orchid)이라 불리는 이 난초는 흰색의 거대한 꽃을 피우는데, 그 꽃의 꿀주머니(nectar tube)는 길이가 35센티미터 이상이다. 1862년 난초과 식물군에 대해 연구하던 다윈은 과연 어떤 벌레가 이처럼 긴 꿀주머니에서 꿀을 길어 낼 수 있을 정도로 긴 주둥이를 가질 수 있을까 하고 자문해 보았다. 그로부터 41년 후 길이가 30센티미터나 되는 주둥이를 가진 박각시나방이 발견되었으며, 그 나방은 인간이 그 발견을 예언한 곤충이란 뜻의 잔토판 모르가니 프라에딕타(Xanthopan morgani praedicta)라고 이름 붙여졌다. 이 거대한 야행성 인시류(鱗翅類) 곤충은 섬의 동쪽 습한 숲 속에서 미소한 무리를 지어 서식한다. 이 곤충들을 기다리기 위해 난초과 꽃은 자신의 맛깔스런 향기를 '예언된' 꿀 채취꾼들 중의 하나가 도착하리란 희망 속으로 퍼뜨리며 아주 오랫동안 신선도를 유지한다. 그러나 불행히도 꽃에 다다르는 곤충은 너무 드물어서 아예 없는 것처럼 보이기도 한다.

남아메리카산 난초과 식물인 하베나리아(Habenaria, rein orchid)의 이야기는 이보다 더 특이한 경우이다. 여기서는 이야기의 과정이 전도되어 있다. 즉 아주 긴 주둥이를 가진 박각시나방이 먼저 발견되었던 것이다. 이 나방의 주둥이에서 출발하여 사람들은 '예언하였고,' 마침내 유일무이한 존재만이 혜택을 누릴 수 있는 긴 꿀주머니를 지닌 난초가 발견되었다. 마다가스카르에서는 사랑의 행위가 밤에 더

욱 증가한다. 꽃은 박각시나방을 유혹하고 끌어 모으기 위해 찬란한
백색을 번득이는 것이다.

이와 같은 꽃과 꿀채집 곤충 사이의 공생 현상은 난초과 식물군에
서는 흔한 일이다. 그러나 여기에서는 곤충의 주둥이와 꿀주머니의
길이에 의해 조명된 기술적인 교묘함이 파트너의 자율성을 상실케
만든다. 우리는 여러 열대성 난초과 식물이 자신의 의존도를 보다 높
이는 경우를 발견하게 된다. 열대성 난초는 자신을 떠받쳐 주는 나
무에 의존하고(열대성 난초는 땅에 뿌리를 내리고 살 수 없다), 자신에
게 양분을 주는 버섯에 의존하기도 하고(열대성 난초의 뿌리는 너무
늦게 생리 작용을 할 수 있을 뿐이다), 자신의 꿀을 채취하는 곤충에
의존하며, 자신을 지켜 주는 개미에 의존하기도 한다. 혼자서 생존할
수 없는 이 난초들은 결국 아무것도 아닌 것이다.

우리는 이들의 어떤 점에서 인간 사회와 유사한 진화 과정이 확인
되는가를 알게 되면 놀라지 않을 수 없다. 먼저 자연과 시간에 의존
하던 농촌이 도시화가 되었다. 이때부터 인간은 자연보다는 사회에
의존한다. 지금 인간에게 일자리와 생계 대책, 보호 장치를 비롯한
각종 서비스와 수당을 제공해 주는——혹은 거부하는——첫번째가
바로 사회이기 때문이다. 이어서 세번째 새 천년의 기슭에 새로운 의
존 현상이 나타났다. 즉 테크놀로지 인간(homo technologicus)이 이제
모든 인위적 생산물과 일체를 이루게 된 것이다. 자동차뿐만 아니라
휴대용 제품들(노트북 컴퓨터, 휴대전화 등)이 현대인의 의족이 되었
고, 각종 게임기 등이 현대인에 이식된 것처럼 존재한다. 이같은 도
구 세트를 갖추지 않는다면 인간은 이제 아무것도 아닌 것이다(혹은
그렇게 느끼게 된다).

이처럼 삶의 두 봉우리에서, 즉 식물계에서 가장 진화한 난초과 식

물처럼, 인간에 있어서도 완벽한 꾸미기는 높은 의존도를 야기할 뿐만 아니라, 그 결과로 더 큰 약점을 초래한다. 괴테는 이런 위험을 자각하여 "형태의 극단적인 완전함이 극단적인 약점을 만든다"라고 쓴 바 있다.

사실 우리 사회의 극단적인 약점은 자신의 완벽한 액세서리에 깔려 버릴 정도라는 것 외에도 '사회적 붕괴' 만큼이나 위험천만한 컴퓨터 고장에 의해 위협받고 있다는 것이다.

마다가스카르에 밤이 찾아온다. 우주비행사들이 다음번에 지구 둘레를 다시 회전할 때에는 어둠 속에 잠긴 이 거대한 섬을 보지 못하게 될 것이다. 내일이면 우주비행사들은 어제의 푸른 옷을 오늘 조금씩 가련한 상태로 바꾸어 놓는 황토빛을 보지 못할 것이다. 마다가스카르는 전체적으로 과잉 방목과 과도한 개발로 인한 식물군의 체계적인 파괴 위기에 직면해 있기 때문이다. 식물종의 80-85퍼센트가 풍토성인 이 대륙 같은 섬에서 일어나고 있는 이같은 위기는 곧 지금 전개되고 있는 지구사의 본질적인 부분에 속한다. 선인장과 흡사한 교목성(喬木性) 종인 등대풀과 두툼한 몸통에 날카로운 가시를 갖춘 채 여기저기서 바오밥나무를 찔러대는 디디에레아의 기묘한 조화를 관찰한 사람들에 있어서 마다가스카르와 동일하거나 대등한 풍경이 지구상에 또 있다고 상상하는 일은 분명 불가능하다.

우리는 여기서 이 거대한 섬의 생물학적 보고를 보호해야 한다는 점을 강하게 지적하고자 한다. 이곳에서 자생하는 식물군의 예외적인 풍토성의 비율을 고려한다면 마다가스카르는 전체적으로 보호해야 할 인류의 유산에 포함돼야 마땅할 것이기 때문이다.

11

세이셸 제도엔 야자수가 있네

세이셸 제도에는 독특한 마법이 존재한다. 그 마법은 인도양의 잃어버린 이 군도에 속한 각각의 작은 섬이 매혹적인 '복고풍' 의 이름을 가지고 있는 것과 관련이 있다. 가령 섬들은 프레가트와 실루엣(Frégate et Silhouette), 그랑드 쇠르와 프티트 쇠르(Grande Soeur et Petite Soeur), 마리안과 펠리시테(Marianne et Félicité), 그리즈와 퀴리외즈(Grise et Curieuse), 라디그(La Digue), 레바쉬와 레주아조(Les Vaches et Les Oiseaux) 등의 이름을 갖고 있다. 여기에는 2개의 '거대한 섬' 은 포함되지 않았는데, 그 하나는 면적이 1백44제곱킬로미터에 달하는 마세(Maché) 섬과 45제곱킬로미터의 프랄린(Praslin) 섬이다. 작은 섬들은 환상산호초(環礁)로, 커다란 섬은 화강암질의 방파제로 각각 이루어져 있으며, 이는 해안에서 아주 멀리 떨어져 있는, 보다 정확히 말하자면 일반적으로 화산 작용에 의한 땅에 있어서는 매우 드문 경우이다. 세이셸 제도는 예외적인 사례가 되고 있는 것이다.

이 화강암질의 방파제들은 그 옛날 남반구 구(舊)대륙인 곤드와나의 일부분을 구성하는 군도였다. 곤드와나 대륙은 최소한 2백50만 년 전부터 분리되기 시작했다. 방파제들로 말하자면 6백만 년 전으로 거슬러 올라가는 것으로 평가된다. 그야말로 잃어버린 대륙의 인상적인 유적들이 아닌가!

세이셸 제도에서 인간의 출현은 늦은 감이 있다. 이 제도는 16세기 포르투갈 사람들이 발견했다. 이 섬들이 광대한 숲으로 뒤덮여 있으며, 자이언트 거북, 악어, 수많은 새 같은 것들이 서식하고 있었다는 것을 깨우치기 위해서는 1609년 장 주르댕과의 첫번째 만남을 기다려야 한다. 루이 15세 시절, 니콜라 마리옹 뒤프레슨 탐험대의 임무는 몇 가지 증거를 입수하는 것이었다. 그것은 바로 수많은 월계수, 막대한 규모의 나무들, 그리고 특히 길이가 최소한 6미터 이상의 거대한 도마뱀 무리들에 대한 것이었다. 물론 다른 곳에서처럼 이 섬들에서도 부(富)의 착취가 즉각적으로 기도되었다. 인간의 첫번째 항구적 정착은 1770년에 비롯된다. 이후로 나폴레옹의 재앙이 이 군도를 프랑스인의 손에서 영국인의 손으로 넘어가게 했으며, 1814년 이 군도는 모리스 섬에 병합된 식민지가 된다. 이처럼 수차례에 걸친 변화는 숲에 대한 체계적인 착취와 농업과 원예업에 충당될 외래 식물의 도입을 촉진하는 결과를 가져왔다. 수십 년간 군도의 풍경이 완전히 변형됐다. 토종 거북들은 1810년 자취를 감추었고, 마지막 악어는 1830년에 죽임을 당했으며, 1874년부터 존 혼이 벌목 가능한 나무들이 가장 접근이 어려운 산악 지역에만 존속하고 있을 뿐이라고 보고하고 있다.

마찬가지로 오늘날 군도를 덮고 있는 식물군도 첫번째 포르투갈인들이 발견한 것과는 근원적으로 다르다. 7백 종 이상이 군도에 들어왔고, 이 중 대부분이 재배됐으며, 나머지 종들은 반야생 상태이다. 색깔, 향기, 값진 목재, 향료, 호사스런 꽃, 이국적인 과일 등으로 이 섬들을 놀라운 열대 낙원으로 만드는 관상 식물이나 식용 식물들의 목록조차 결국 만들 수 없는 지경에 이르고 말았다. 저항을 받지 않은 이같은 침략은 원시 식물종들을 가장 외딴 메마른 곳으로 후퇴시키고 말았다. 가령 이 식물들은 산꼭대기, 화강암 절벽처럼 농사를 거의 지을 수 없는 약간의 토양만이 남아 있는 곳으로 물러난 것이다. 처음에 섬을 점유했던 식물들은 바로 이런 곳에서 안식처를 발견할 수 있었으며, 소멸의 끝자락에 다다른 몇 가지를 제외한 대부분의 원시 식물들은 그곳에서 살아남을 수 있었다. 섬에 유입된 7백여 종에 비해 이 종들은 대략 2백50종으로 더 이상 수적 우세를 유지하지 못했다. 이 2백50종 중 75종은 풍토성이고 80종은 고사리류이다.

경작이 불가능한 주변부로 후퇴한 이 토종 식물들은 오늘날 분산된 상태로 머물러 있으며, 군도가 모든 인간의 개입으로부터 아직 처녀성을 간직했던 무렵 묘사될 수 있었을 자연적인 식물 군락(plant community)을 더 이상 보여주지 못하고 있다. 벌목꾼들은 그 옛날 비옥한 계곡들을 점유하던 광활한 숲을 묘사했었지만, 오늘날 그 흔적은 어디에도 없다. 바로 거기에 인간이 초래한 무자비한 식물 찬탈의 결과가 있다. 그 결과들은 항상 토종 식물 군락의 파괴를 야기하며, 살아남은 토종 군락의 표본들은 더 이상 존재하지 않는 원(原)생태계와의 자연적 관계를 상실한 채 여기저기 무질서하게 분산되어 있다.

여기에서 한 가지 명백한 비교가 가능해진다. 인간의 마을과 도시에서 거주 지역과 장인, 상인 등 상업 지역을 결합한 거리가 존재했던 그런 시대는 더 이상 없다. 간혹 중세 시대로 거슬러 올라가는 이 고대 거리의 분위기는 부락 인근에 노점상인들이 흉내낼 수 없을 정도로, 무료 주차장을 제공하는 하이퍼마켓이 범람하면서 완전히 변해 버렸다. 이 선택적 우위는 다윈의 용어를 되풀이하자면, 도시 풍경을 저해하는 거대한 변두리 구역에 부당하게 특혜를 부여했다. 이에 따라 우리는 도시 중심가 주민들의 점진적인 후퇴와 영세 상점들의 폐업, 수공예품점의 인기 하락 등을 목격했다. 가장 유복한 계층에게 우선적으로 다가갈 수 있는 부동산 매매 같은 대체 프로젝트가 노인들과 빈민층을 시 외곽 거대 지역으로 추방하고 말았음에도 불구하고……. 이같은 변화는 전통적 공동체의 완전한 소멸과 그로 인한 재앙을 초래했다. 자신의 구역에서 뿌리가 뽑혀지고, 주변부로 밀려났으며, 여기저기로 '유배당한' 개인들이 격리당하고 버림받는 고통을 겪게 됐다. 이는 식물의 세계와 마찬가지로 인간의 세계에서도 '경쟁적인 배척'으로부터 가장 강한 자의 이익을 위해 가장 약한 자를 제거하는 작업으로 이행한 결과인 것이다. 세이셸 제도의 고(古)식물군 중 살아남은 종들이 말을 할 수만 있었다면, 이와 다른 말을 하지는 않았으리라…….

이는 정확하게 말하자면, 인간의 정착과 그 결과로 인해 유입된 식물의 강력한 압력에 갑작스럽게 복종하게 된 고생대 식물에 닥쳤던 일이다. 오늘날엔 여기저기 분산돼 있는 초라한 파편들만이 남아 있을 뿐이며, 재배 식물들이 이 파편들을 대체했는가 하면 대개의 경우 완전히 파괴하는 방향으로 나아가고 있다. 최후의 풍토성 식물들은 불모의 땅으로 퇴각했으며, 그곳에서 갑자기 재배 식물들의 경쟁적 침략에 맞서기 위해 갖은 애를 쓰고 있다.

오늘날 극단적으로 희귀해진 두 가지 풍토성 식물을 찾아낼 수 있는 곳은 마셰 섬, 특히 세이셸의 작은 언덕이라고 불리는 지역에 위치한 거대한 섬의 중앙 산악 지역이다.

그 첫번째 식물이 그 유명한 세이셸의 '메두사나무(Médusagyne)[1]'로서, 그 이름은 '나무-메두사'의 원주민식 명칭에서 유래한다. 하나의 명칭이 이처럼 지속되었다는 것은 그 나무가 옛날에는 지금보다 훨씬 넓게 분포되어 있었음을 보여준다. 8-10미터 높이의 이 나무는 1903년에 발견됐다가, 이어 1970년에 다시 발견됐다. 그러나 이 두 번에 걸친 발견은 서로 다른 지형에서 이루어졌다. 이 나무는 현재 두 지역으로 나누어 46개체만이 남아 있을 뿐이다. 이는 소멸의 한계에 다다른 옛날 종의 사례가 대부분 그런 것과 마찬가지로 재생 가능성이 희박하다. 정원이나 식물원에서 이 나무를 재이식하고 재배하는 등 여러 시도가 실행되었지만 큰 성공을 거두지 못했다. 자연──거대한 화강암 구역 인근──이란 목록에 기입된 46개 메두사의 견본은 모두가 성년에 이르렀으며, 재생산될 모든 가능성을 상실한 것처럼 보인다. 국립자연사박물관의 식물학자인 프란시스 프리드만은 당초 메두사가 훨씬 더 습한 기후에 적응했을 것으로 짐작한다. 메두사의 역사가 타실리 고원의 사이프러스를 환기시킬 만하다. 현재 세이셸 제도의 기후상 연간 강수량 2미터는 특히 물을 잘 빨아들이는 메두사에게 있어서는 더 이상 충분치 못하다는 것이다.

그러나 메두사는 식물학계에 또 다른 문제를 제기한다. 그것은 바로 알려진 어떤 식물군에도 분류될 수 없는 그 꽃의 근원적 구조의 문제이다. 따라서 이 식물은 완전히 그 자신만을 위해 창조된 어떤 식물군에 속한 원형, 유일한 종으로 간주될 수밖에 없었다. 그 식물군이 바로 '메두사 나무군(**Médusagynacées**)'이다. 세이셸의 메두사는 꽃자루가 뒤집어 놓은 작은 양산 모양으로 배치된 매우 특징적인 열매를 갖고 있다. 그 전체가 완전히 나무의 이름이 유래한 메두사와 흡사하다.

---

1) **Medusagyne oppositifolia. Medusagynacées.**

낭시 식물원 명예원장인 내 친구 피에르 발크는 메두사를 세이셸 제도의 주(主)섬인 마에(Mahé) 섬 중부의 가파른 비탈에서 만났다. 그가 마에 섬에서 장 피에르 퀴니가 집필한 《식물의 모험》[2]을 토대로 텔레비전 시리즈물을 촬영할 무렵이었다. 그는 그 기회에 메두사의 씨앗을 가져왔는데, 그 중 2개가 온실에 파종됐고, 정상적으로 성장한 듯 보였다. 식물학적·생태학적 차원에서, 메두사는 따라서 막대한 호기심을 자극한다. 멸종의 끝자락에 이른 한 종으로서는 매우 드문 사례인 데다 알려진 어떤 식물과도 유사성이 발견되지 않기 때문이다. 식물분류학에서 홀로 외로이 떨어져 나온 이 종은 결국 지상에서 세이셸 제도의 식물군락 사이에만 존재할 뿐이다.

세이셸 제도의 모른(Morne) 섬에서 마찬가지로 유명한 벌레잡이항아리풀(népenthès)[3]에 속하는 한 풍토성 종이 있다. 모든 식충 식물처럼 나뭇잎의 중심 맥은 곤충들을 소화시킬 수 있도록 우아한 항아리 모양으로 잎사귀 끝까지 뻗어 있다. 나무 위로 덩굴을 뻗는 이 열대성 덩굴 식물은 마찬가지로 완전히 벌거벗은 화강암 위로도 덩굴을 뻗을 수 있다. 이 식물은 화강암 위에서도 야간의 습기 덕분에 생존하는 것이다. 이 식물의 항아리에 포획된 곤충들은 식물에게 화강암이 제공해 줄 수 없는 질소가 함유된 영양분을 가져다준다. 이 벌레잡이항아리풀에서 곤충들을 포획하면서 항아리를 닫아 버리는 주둥이의 특별한 우아함이 주목된다. 항아리 그 자체에 대해서만 말하자면, 그것은 아름다운 연녹색에서 주홍색으로 변하면서 부풀어진 배를 과시한다.

---

2) 《식물의 모험》 2권은 프랑스 텔레비전 채널인 '카날 플뤼스(Canal+)'에서 비디오로 제작됐다.

3) Nepenthes pervilei.

이제 바다 쪽으로 내려가 보기 위해 이 화강암 구릉 지대를 떠나는 것이 중요하다. 우리가 세이셸 제도의 전설적인 야자수를 찾아서 향하려는 곳은 바로 프랄린 섬이다. 이곳의 야자수가 전설적인 이유는 그 씨앗을 알려진 어떤 나무종에도 결부지을 수 없었음에도, 그 거대하고 비만이며, 야한 모습의 씨앗이 익히 알려져 있었기 때문이다.

1768년 프랄린 섬과 퀴리외즈(Qurieuse) 섬에서 바다 야자수(coco de mer · double coconut)의 발견은 기나긴 모험의 결실이었다. 수많은 우화가 이 신비로운 나무를 둘러싸고 있었으며, 이 나무는 수천 킬로미터나 떨어진 바다에 휩쓸려 온 씨앗만을 보여줄 뿐이었다. 나무 그 자체에 대해 말하자면, 아무도 그 나무를 본 적이 없었다. 왜냐하면 사람들은 세이셸 군도를 외면했고, 그 나무는 어떤 다른 곳에서도 자라지 않기 때문이다.

전설이 신비로운 바다 야자수를 발견했고, 또 처음으로 그 나무 위에서 거대한 열매를 알아차렸던 특권이 자바 섬의 한 사내아이에게 되돌려지기를 바랄 뿐이다. 인도양에 닥친 난파의 유일한 생존자로서 금시조에 의해 구조돼 야자수 나무 중 하나에 놓여진 아이……. 금시조는 바다 야자수가 그 옛날 식물의 신화에 속했던 것처럼 조류의 신화에 속하는 새이다. 인도네시아에서 숭배되는 금시조는 오늘날 이 나라 항공사의 상징이 되었다. 금시조는 발 사이에 소, 심지어는 코끼리를 움켜쥐고 운반할 수 있는 거대한 새로 간주되었는데, 하물며 사내아이 하나쯤이야……. 이상이 수세기에 걸쳐 인도 말라바르(Malabar) 해안 주민들에게서 구전되어 온 이야기이다. 이는 마찬가지로 이따금씩 바다를 떠다니다 연안에 밀려온 커다란 갈색의 코코넛 열매를 해변에서 줍곤 했던 스리랑카 주민들의 이야기이기도 하다. 그런데 이 야자열매는 항상 서쪽에서 도래했으며, 따라서 사람들은 열매의 근원지를 몰디브 섬에 국한시켰다. 또 다른 이들은 야자열매가 바다 한가운데 서식하는 나무에서 떨어진 것이라고 주장하기도 했다. 그래서 '바다 야자' 라는 이름이 유래하게 됐다. 짙은 갈색과 두 조각으로 나누어진 독특하게 암시적인 형태 등의 이유로 사람들은 그 열매를 '엉덩이 야자' 혹은 '검둥이 여인의 엉덩이' 라고들 불렀다. 이같은 모양새는 강력한 최음적 특징만을 부각시킬 뿐이었으며, 따라서 여기저기에 상륙한 몇몇 야자 열매는 형체를 온전히 유지했건 부서졌건 간에 고귀한 가치를 얻었으며, 지역 내에서는 대단한 위상을 획득했다.

마리옹 뒤프레슨 탐험대가 1768년 프랄린이란 세례명을 얻은 세이셸 제도의 작은 섬에서 바다 야자수를 발견하기까지는 18세기말까지 기다려야만 했다. 그 섬은 바로 루이 15세 시대의 해양부 장관, 가브리엘 드 수아죌, 즉 프랄린 공작에 헌정된 섬이다. '검둥이 여인의 엉덩이' 는 그 섬에서 봉헌되었으며, 바로 그 섬으로부터 의심할 여지 없이 약간은 외설스러운 표현인 "어리석은 프랄린!(culcul la Prasline!)"이란 표현이 나왔으리라. 어쨌든 이때부터 사람들은 이 야자열매가 세이셸 군도에서 유래했음을 알게 되었다. 바로 세이셸 군도에서 출발해서 야자수로 뒤덮인 프랄린 섬의 마이(Mai) 계곡이 오늘날까지 그 유명세를 타고 있는 것이다. 4천 그루의 나무가 계곡의 비탈을 덮고 있으며, 가장 오래된 나무는 8백 년은 족히 넘었을 것으로 추정된다. 높이도 35미터까지 성장할 수 있다. 나뭇잎은 야자열매의 크기에 따라서 길이가 4-6미터에 이르며, 폭도 2-4미터나 된다. 그 나뭇잎들은 라피아(raphia) 야자수 나뭇잎과 함께 식물계에서 가장 큰 것으로 간주되고 있다.

이 나무들은 암나무와 수나무로 나누어진다. 수나무에는 1-2미터 길이의 원통형 이삭들이 있으며, 이는 미소한 노란색 별 모양으로 된 꽃들로 뒤덮인 일종의 강력한 페니스이다. 이 원통형 이삭 위로 화분 (花粉) 생성에서 어떤 역할을 하는지 여부가 정확히 알려져 있지 않은 초록색 제코(gecko)[4]들이 습관적으로 배회한다. 암나무의 이삭들도 마찬가지로 길이가 1-2미터 가량이며, 두께가 5-13미터인 초록빛깔이 도는 꽃들이 핀다. 열매는 야자열매처럼 초록색 피막과 씨앗의 반구 2개를 뒤덮고 있는 섬유질 털뭉치로 싸여진 거대한 달걀 모양의 덩어리이다. 씨앗은 2조각으로 나누어져 있으며, 2개의 조각은 시암 쌍둥이처럼 들어붙어 있다. 전체 덩어리는 10-22킬로그램이다. 이는 식물계에서 가장 큰 과일이다. 이 열매는 나무줄기에 5-8년간 매달려 있다가 땅에 떨어지는데, 이는 뉴턴이 사과가 떨어지는 것을 바라보며 느꼈던 것보다 더 주목할 만한 위험을 여행객에게 무릅쓰게 만들 정도이다.

바다 야자수와 함께라면 자연은 결코 서두르는 법이 없다. 암 야자수는 25년이 되어서야 열매를 맺기 시작한다. 각 씨앗은 여무는 데 7-8년이 소요되며, 싹이 트려면 다시 3년 이상이 걸린다. 발아 과정은 그야말로 스펙터클이다. 거대한 씨앗이 숨김없이 음부를 노출하고, 싹이 2개의 조각을 각각 구분하는 접합부의 털뭉치에서 드러날 때는 자극적이기까지 하다.

씨앗이 미숙할 때는 너무 무거워 바다에 떠 있을 수 없으며, 모든 발아 가능성을 잃고 나서야 비로소 바다에 뜰 수가 있다. 이에 따라 세이셸의 어떤 야자수도 몰디브, 인도, 말레이시아, 인도네시아 등과 멀리 떨어진 연안에서는 결코 발아하지 못했다. 이곳들에서만 해류

---

4) 거대한 도마뱀.

가 씨앗을 어떻게 해서든 운반해 냈던 것이다. 따라서 바다 야자수
는 그것이 현재 존재하는 곳에서만 존속할 수밖에 없으며, 다른 곳에
씨를 뿌릴 그 어떤 가능성도 있을 수 없었다. 게다가 바다 야자수는
남성 아니면 여성이어서, 번식력 있는 씨앗이 멀리 떨어진 해안에 기
적적으로 다다르더라도 그곳에서 자신의 종을 영속시키기 위해서는
반대되는 성(性)의 씨앗이 함께 있어야 하고, 더욱이 암수의 씨앗은
번식하기 위해서 충분히 가까운 거리에 있어야 싹을 돋아나게 할 수
있다. 이 얼마나 통계학적으로 일어날 수 없는 최악의 상황인가! 여
기에 바다 야자수가 족생(簇生; 뭉쳐 나기)하는 종이란 사실이 덧붙여
져야 한다. 프랄린 섬과 퀴리외즈 섬 등 오늘날 바다 야자수가 발견
되는 드문 지형에서도 그 나무들은 결코 떨어져서 자라는 법이 없
다. 자연적인 분산 가능성은 전무하다고 해도 과언이 아닌 것이다.

2억 5천만 년 전 곤드와나 대륙의 균열 이후 아프리카 해안으로부
터 잘려 나간 바다 야자수는 그 옛날 이 대륙에서 서식했던 식물군들
의 유적일 수 있을 것이다. 그러나 바다 야자수가 그 어디에도 존재
하지 않으며, 이 미소한 프랄린 섬과 그 인근 퀴리외즈 섬에서만 존
속하는 이유는 어떻게 설명될 수 있을까? 여기에서 두번째 가설이 제
기될 수 있다. 이 또한 수긍이 갈 만한 가설이다. 그 가설은 세이셸의
야자수가 오늘날엔 멸종된 조상에서 출발해 그 자리에서 완성된 기
나긴 진화의 귀결이란 것이다. 그 진화는 실험실과 식물원의 역할을
동시에 수행했을 군도의 격리가 가져다준 그런 진화이리라.

이처럼 정형화된 종과 관련해 그 기원을 설명하기 위한 두 가지 그
럴듯한 가설이 제기될 수 있다는 것은 4백50만 년 전 각 대륙을 식
물이 정복한 이래 식물의 진화에 대한 과학이 하나의 수수께끼에 머
물러 있음을 보여준다. 우리가 보는 것은 각자가 자신만의 역사를 갖

는 종들이 현재에 존재하는 것일 뿐이다. 그러나 거의 대부분의 사례에 있어서 충분한 수량의 화석이 결여된 그런 종은 우리에게 잊혀지고 만다. 마치 최근 몇 세기에서 멀어지자마자 우리가 잊어버리고 마는 우리의 나무 족보처럼 말이다. 이렇듯 모든 생물학자의 저서에서 우리 지식의 전진 상태에 고유한 어떤 절제가 부과되어진다.

바다 야자수와 관련해서, 알려진 유일한 역사는 정확하게 말해서 그것의 발견에 대한 역사일 뿐이다. 1768년 나무를 찾아내게 될 마리옹 뒤프레슨 탐험대의 일원인 바레인가 뭔가 하는 사람과 1771년 세계 일주를 하던 중 나무를 발견한 식물학자 코메르송이 거의 동시라고 할 수 있다. 코메르송이 루이 15세에게 경의를 표하기 위해 라틴어 명칭인 '로도이세아(Lodoïcea)'를 부여했다. 이 이름 뒤에 따라 붙는 '말디비카(Maldivica)'라는 명사에 대해 말하자면, 그것은 몰디브 섬을 상기시키며, 바로 그 섬에서 이미 '몰디브 코코넛'이라고 명명되는 야자열매가 오래전부터 바다에서 유명세를 타고 있었다. 바다는 모든 발아 능력을 상실한 죽은 열매를 운반해 왔던 것이다. 바다 아쟈열매가 결코 몰디브에서 자라지 않는다는 사실에도 불구하고 '말디비카'라는 명칭은 국제식물용어 규칙에 따라 유지되어졌다. 이는 국제식물용어 규칙이 한 종에게 첫번째 부여된 명칭이 1753년 5월 1일 이후라면, 그 첫번째 명칭만을 유지하는 데 따른 것이다. 이 날은 린네가 쓴 《식물종》의 첫번째 판본이 출간된 날로, 이 저서는 식물학에서는 기본 지침서가 되고 있다.

최근 몇 세기 동안 세이셸의 야자수는 열매의 때 아닌 수확 때문에 급격하게 쇠퇴했다. 이 종을 보호할 목적으로 그때부터 수확은 직접적으로 통제되었으며, 열매의 판매는 국가의 독점 대상이 되었다. 이 외에도 다른 보존 대책들이 시행되었는데, 특히 마이 계곡은 유네스코에 의해 세계 인류 유산으로 지정됐다. 마이 계곡이 세이셸 제도에서 알다브라 섬과 공유하는 특권은 세계적으로 유명한 자이언트 거북의 서식지라는 것이다. 세이셸 제도의 모른 섬과 관련해서는 메두사나무와 벌레잡이항아리풀과 함께 국립공원으로 분류됐다. 이같은 대책들에 이어 세이셸의 야자수는 오늘날 마에, 실루엣, 펠리시테, 라 디그, 프레가트 등의 섬은 물론 전 세계의 적지 않은 식물원에서 재배되고 있다.

이렇게 해서 그 괴물 같은 열매의 거추장스러움에도 불구하고, 바다에 뜨고 발아하기에는 지나치게 비대하고 무거운 핸디캡에도 불구하고 세이셸의 야자수는 구제됐다. 여기에서 자연 진화적인 생명의 환상이 드러난다. 이는 적자생존의 법칙, 즉 다위니즘과 상반되는 것이다. 왜냐하면 자연도태의 정상적인 목적과는 반대로, 생명은 여기에서 종에 유리한 어떤 인자를 돕는 것처럼 보이기 때문이다. 이는 생존에 부적합한 이상 발달이라고 지칭되는 것이다. 이상 발달에서 결국 종을 궁지로 몰아넣는 중대한 불균형이 초래된다. 맘모스의 경우 안쪽을 향해 굽은 어금니, 사슴과 동물들의 과도한 뿔(이는 동물이 달릴 때 방해가 됨으로써 결국 도망이라는 방어 수단을 약화시키고 만다) 등 이상 발달의 실례는 동물학에서는 넘칠 정도이다. 이와 마찬가지로 꾸정모기(daddy longlegs)의 과도한 네 다리는 이 곤충의 걸음걸이를 어설프고 어렵게 만든다. 가위로 이 꾸정모기의 다리를 싹둑 잘라 버린다면 선천적 불구인 이 곤충의 이동을 돕는 것이 아니겠는가! 이상 발달 기관에 의해 불구의 처지인 수많은 종들이 위기에 처해 있다. 어금니의 날 때문에 쇠약해지는 코끼리, 사슴벌레 같은 거대한 집게 곤충 등이 그 예이다. 3백만 년간 용량이 3-5배나 늘어난 뇌의 놀라운 발달은 인간을 멸종에 이르게 할 수 있는 이상 발달의 또 다른 발현이 아니길 희망해야 할런지……. 요컨대 인간은 뇌를 수단으로서 소유하고 있는 것이다. 인간이 그 수단을 사용하려는 유혹에 굴복하지 않기를 신이여 간청하나이다!

다시 세이셸의 야자수로 돌아가서, 마이 계곡에서는 그 엉덩이 야자만이 유일하게 눈에 띄는 것은 아니다. 계곡에는 모두가 군도의 풍토성 식물인 다른 다섯 가지 종의 야자수가 자란다. 팔미스트(palmiste)와 네 가지 종의 라태니어(latanier) 야자수가 바로 그것들이다. 이 또한 계곡의 생물학적 가치를 높이는 데 기여하고 있다.

풍토성은 식물계에 관계된 것만이 아니다. 세이셸 제도의 동물종 절반 이상이 마찬가지로 풍토성이며, 군도의 대다수 조류도 마찬가지 경우이다. 이 예외적으로 높은 풍토성 비율은 세이셸 제도의 섬들이 다른 대부분의 섬들보다 훨씬 늦게 발견되고 정복되었다는 사실과 관계가 있다. 그래서 거북 같은 많은 동물들이 존속할 수 있었으며, 이는 인근 알다브라 군도도 마찬가지이다. 작은 산호섬인 버드에 체류하는 모든 관광객들은 매일같이 배회 흔적을 산호 모래 위에 남겨 놓는 그 유명한 거북을 알고 있다. 조류에 대해 말하자면, 새들은 스타의 지위를 거북에게서 호시탐탐 빼앗으려 한다. 거북 스타인 이유는 그것들 중 대다수가 풍토성인 데다가 이 섬에서만, 그것도 한 해변에서만 서식하기 때문이다. 그 옛날 해적들의 섬이었던 프레가트 섬 같은 데서는 '세이셸 까치'가 땅 위를 겁도 없이 종종걸음으로 뛰어다니며, 라태니어 야자열매를 게걸스럽게 먹어치운다. 이 새는 30개체만이 모두 이 섬에서만 존재하고 있으며, 길이가 겨우 2킬로미터에 불과한 동쪽 해안에서만 서식한다. 이 때문에 세이셸 까치는 조류학자들에 의해 세상에서 가장 많이 감시받고, 또 가장 많이 보호받는 새이다. 이와 마찬가지로 유명한 새가 '세이셸의 과부'이다. 이

새의 이름은 검은 깃을 보란듯 세우고 있는 수컷 때문에 붙여진 것이
다——따라서 이 새는 '홀아비'가 맞지 않겠는가! 암컷은 머리에 검
은 갓을 쓰고 있을 뿐이다. 이 새도 30여 쌍이 라 디그 섬에 둥우리
를 틀고 있는 것이 전부이다. 마지막으로 모든 관광객들이 프랄린 섬
으로 가면서 들를 수도 있는 쿠쟁 섬에는 극히 드문 세이셸 꾀꾸리가
서식한다. 이 새는 국제조류보호위원회에 의해 엄격하게 감시되는
아리드(Aride) 섬에 세심한 주의를 기울여 옮겨지기도 했다. 사람이
살지 않는 이 섬에 식물학자들은 가장 희귀하고 가장 위기에 처한 식
물종들을 이식하고 있기도 하다.

이 괄목할 만한 생물학적 풍요로움은 여행과 탐험을 해변 같은 데
에 국한시키는 대다수 관광객들의 주의를 자연스럽게 피하게 된다.
그렇지만 우리는 계속 우리만의 여행을 떠나자. 우리는 기대하지 않
았던 사실들을 확인하게 될 것이다.

고운 모래사장 위, 야자수 그늘 아래에서는 다른 모든 사람들처럼
중대한 사회적 위치를 차지하고 있는 사람들도 자신이 며칠간 휴양
하러 왔던 이 공간을 잊고 만다. 현대의 삶으로 돌아가서는 곧 바쁜
일상에 파묻혀 버리고 말기 때문이다. 남쪽 바다의 매력은 저항할 수
없을 정도이다. 해안가에는 대양을 향해 긴 목을 드리우고 있지만 바
닷가에서 감히 모험을 감행하지는 않는 세이셸 야자수뿐만 아니라
아주 작은 야자수도 있다. 이 두 야자수는 역설적으로 보일 정도로
대조적인 데다가 그 얼마나 기이한 운명이란 말인가! 세이셸 야자수
가 스스로를 고립시킨 채 자신만의 섬에 칩거하는 데 반해 두번째 야
자수는 지속적이고 건강한 번식력을 갖추고서 해수에 따라 헤엄을
쳐서는 이 섬에서 저 섬으로 스스로 파종되는 씨앗 덕분에 불굴의 항
해사로서의 면모를 과시한다. 이 때문에 야자수는 전 세계의 모든 열

대 연안 지역과 불가분의 관계에 있는 것이다.

세이셸 야자수와 달리 이 야자수는 더 이상 그 원산지를 알 수조차 없을 정도로 그 예외적인 번식력을 타고난 한 식물종의 예가 되고 있다. 말레이시아가 그 원산지 중 하나이고, 오스트레일리아의 대산호초가 또 다른 원산지일까?

인도에서 야자열매는 종교적이고 주술적으로 이용되는 경우가 많으며, 그 중에서 우리는 인도식 '머리 깨기'(casse-tête; 중국식 머리 깨기는 나무로 만든 퍼즐을 말하며, 일상적으로 어떤 문제가 머리가 아플 정도로 복잡하거나 어려울 때 사용된다)를 주목할 수 있다. 옛날 무사 계급을 형성하는 사람들은 시체를 목까지 파묻은 뒤 그들 교단의 사제가 시체의 머리 위에서 신성한 야자열매 몇 개를 두개골이 분쇄될 때까지 부서뜨리는 것을 바라봐야 했다. 이같은 풍습은 인도인들이 불순한 것으로 간주했던 입, 귀 같은 구멍보다 훨씬 숭고한 입구를 통해 영혼으로 하여금 육체 이탈을 용이하게 하고자 하는 목적이 있었다고 추정된다.

가장 번식력이 강한 종인 야자수는 그 문명을 전 세계에 퍼뜨린 미국에 비견할 만하다. 미국의 문명 전파는 2세기 반 전 영국에서 일어났던 산업혁명을 기억에서조차 지워 버릴 정도이니……. 반면 세이셸 야자수는 세인트헬레나 섬 남쪽 20킬로미터 지점에 위치한 지상에서 가장 고립된 트리스탄다쿠나(Tristan Da Cunha) 섬에 비교할 만하다. 이 섬이 속해 있는 세인트헬레나 섬의 주민 수 2백95명은 트리스탄다쿠나 섬에 비하면 인구가 과밀하다고 할 수 있다. 1506년 섬과 같은 이름의 포르투갈 항해사에 의해 발견된 트리스탄다쿠나는 순수 상태의 고립을 상징할 정도이다. 그러나 그것보다 더 작고 더 고립된 섬을 찾아볼 수 있다. 트리스탄다쿠나의 남쪽에 위치한 '인악세 시블(Inaccessible; 접근이 불가능하다는 뜻)’ 섬이 바로 그런 섬인데, 그 섬과 그것이 속한 트리스탄다쿠나 섬은 주민이 한 사람도 없지만 펭귄으로 뒤덮여 있다.

우리는 조금도 해안가를 떠나지 않았다. 열대 연안 지역의 식물들에 대해 살펴볼 수 있는 이 얼마나 좋은 기회인가! 이 해변들에서는 식물군의 거대한 ‘반복성’이 부각된다. 도처에서 야자수처럼 숫자가 많지는 않지만, 바닷길을 통해 씨앗을 스스로 파종하는 능력에 의해 특징지어지는 몇 가지 식물종이 발견된다. 이처럼 남쪽의 모든 바닷가에서는 변함없이 존재하는 몇 가지 식물의 행렬이 구분되어진다. 우선 야자수의 가냘픈 줄기에 의해 딱 갈라져 있는 빈틈을 톱가지로 채우고 있는 그 유명한 ‘타카마카(takamaka · Alexandrian laurel)’[5]가 있다. 이 나무는 해변에 옷을 입히고, 또 해변의 문을 닫고 있다. 그 씨앗의 기름은 피부미용에 사용됐다. 현재 가장 연세가 드신 분들은 그 옛날 텔레비전에서 방영된 그것의 라틴어 명칭인 칼로필룸 오일(calophyllum oil · dilo oil)의 은혜에 대한 광고를 기억하게 될 것이다. 이어서 인도 편도나무[6]가 떨어지기 전 자줏빛으로 변하는 나뭇잎과 바다에 떠다닐 수 있는 그 예외적인 씨앗으로 부각되어진다. 또한 히비스커스(Hibiscus)와 흡사하고 24시간 내에 붉은색으로 변하는 노랗고 화려한 꽃으로 유명한 ‘부아 드 로즈(bois de rose)’[7]가 있다. 네번째 대표적 식물은 ‘벨루티에(veloutier)’[8]로서 이는 연안 지역 모래의 안정화에 효과적으로 기여하는 덤불 식물이다. 마지막으로 고려하지

---

5) Calophyllum inophyllum. Guttiferacées.
6) Terminalia catappa. Combrétacées.
7) Thespesia populnea. Malvacées.
8) Scaevola sericea. Goodeniacées.

1천여 년 된 드래곤 트리(카나리아 제도)

레바논 삼목

아프리카 바오밥

세계에서 가장 굵은 나무(멕시코의 낙우송)

나무줄기만 앙상히 남아 있는
장수 소나무

장수 소나무(캘리포니아)

알루빌 벨포스의 떡갈나무

생 마르스-쉬르-라-퓌테의 산사나무

뒤프레즈 사이프러스(타실의 고원)

세인트폴리아 혹은 아프리카 제비꽃

악마의 발톱(칼라하리 사막)

그랑디디에 바오밥(마다가스카르)

포니 바오밥(마다가스카르)

디디에레아(마다가스카르) 혹은 알루오디아

길손나무(마다가스카르)

안그레아쿰 세스크위퍼덜(마다가스카르 난초)

메두사나무(세이셸 제도)

벌레잡이 항아리풀

세이셸의 야자수

히비스커스, 월계화

세이셸 야자수의 씨앗(엉덩이 야자)

협죽도의 꽃

알라만다

화염목(Orgueil de Chine)

화염목의 꽃

가봉의 튤립트리

자카란다

히비스커스 백합(망드리네트)

란타나 카마라

않을 수 없는 것이 '아침의 영광(gloire du matin)' [9]으로, 이는 열대 연안 지역 모래사장 위에 덩굴을 뻗는 아름다운 풀로서 그 꽃을 매일 아침마다 피운다. 그 두터운 잎은 거의 둥근 모양이고, 꽃은 옅은 보라색으로 메꽃과 흡사하다. 이 이포메아(Ipomoea)의 씨앗은 환각 성분을 지니고 있으며, 아프리카 주술치료사에 의해 재배되었다. 이 씨앗은 아메리카가 원산지인 다른 이포메아 속의 씨앗과 유사하며, 성분도 유사하다. 아프리카 베냉(Bénin)의 한 유명한 주술치료사가 어느 날 씨앗 몇 개를 먹으며 "바다를 진동케 하는 것이 보인다"고 내게 말했다. 그리고 나서 그는 오래전에 죽은 그의 부친과의 정신적 접촉에 몰입했다. 그때 그의 부친은 젊은 시절 아들에게 설명해 주었던 식물의 미덕을 상기시키고 있었다.

이제 우리는 문체의 훈련에 몰입하고, 이 다섯 가지 식물종이 지상의 식물군 목록에서 삭제될 것이라고 상상해 보자. 야자수의 멸종과 결합된 방식의 이같은 멸종은 남쪽 바닷가가 갑자기 황폐화됨으로써 그 연안 지역에 고유한 신화의 소멸로 인해 모든 여행사와 여행 알선업자들의 즉각적인 파산으로 이어지게 될 것이다. 야자수 없는 열대 해안을 상상이나 할 수 있을까? 상상조차 어렵다.

이같은 재앙이 일어나려면 식물계의 목록에서 이국적 명칭을 가진 10여 가지 종을 지워 버려야 할 것이다. 이 종들은 남북회귀선 내의 이쪽 끝에서 저쪽 끝까지 거리와 정원, 공원, 특히 해안가 호텔의 웅장함을 조성하는 것들이다. 나는 우선 흰색이나 분홍, 붉은 색깔의 바퀴 혹은 나선형의 화려한 꽃을 피우는 협죽도(frangipanier)를 인용하고자 한다. 또한 노란색의 광택 나는 꽃의 알라만다(alamanda)와 가봉

---

9) Ipomoea pas caprae. Convolvulacées.

(Gabon)의 화염목(flamboyant)과 튤립 등은 의심할 여지 없이 세상에서 가장 아름다운 나무군을 형성할 만큼 놀라울 정도로 붉은 꽃을 과시한다. 노랗거나 자줏빛의 양귀비(orgueil de Chine)는 불교 사원에서나 볼 수 있는 색깔이며, 그 커다란 깍지는 길게 늘어져 있다. 아칼리파(acalypha)는 보랏빛의 부드러운 길다란 여우 꼬리가 달려 있고, 알비지아(albizzia)는 다른 지역의 자카란다(jacaranda)처럼 미모사(mimosa) 잎과 푸른색 광택이 도는 꽃이 달린 커다란 나무이다. 마지막으로 호화스런 화관을 자랑하는 치자나무(gadenia)가 있다. 이상의 나무들은 열대를 떠올리게 하는 전설적인 이름의 식물들이다.

이 화려한 식물종들은 머지않아 갑자기 사라져 버릴 것이고, 아마도 다른 몇 가지 식물종들과 함께 소멸될 것이다. 이는 또한 '이국적인 파라다이스'의 종말이기도 하다. 왜냐하면 식물학자에게 충격적인 것은 브라질, 바하마, 과들루프(Guadeloupe), 누메아(Nouméa), 타히티, 아비장(Abidjan), 방콕 등의 현대식 광장의 산책로를 거니는 것이 모든 열대 정원의 표준을 형성하는 동일한 식물종의 반복이기 때문이다. 이들 식물의 멸종은 장식의 매혹적인 과잉에 치명타를 가져다줄 것이다.

확고한 고정관념에 부합되려면 열대 식물군은 그 극단적 화려함, 꽃과 열매의 놀라운 풍성함, 선명하고 다채로운 색채 영역 등으로 강한 인상을 주어야 할 것이다. 그런데 현실은 이와는 사뭇 다르며, 온대 지역이 여기에서 합당한 지위를 되찾아야 할 것이다.

열대 식물군의 가장 완전한 예를 열대 우림으로 간주한다면, 이 습한 열대 숲은 문자 그대로 꽃이 없는 것처럼 보인다. 꽃들이 차양 숲(canopy forest) 속에 머무르다 보니 잔나무 숲 속 반암흑에 갇힌 관광객들의 시선을 끌지 못하기 때문이다. 계절이 없이 항상 똑같은 기후에 예속된 열대 우림의 아주 **빽빽한** 식물군은 수백만 송이 꽃들로 하얗게 뒤덮힌 우리 봄날의 환상적인 개화를 알지 못한다. 이는 온대 지역만의 특권이므로. 또한 열대 우림의 식물군은 우리 가을날이 선사하는 대지의 결실도 알지 못한다. 가을철이면 로렌 지방의 미라벨(mirabelle) 나무 아래에는 맛좋은 과일이 얼마나 많이 떨어져 있는지. 열대림은 1천 가지 색깔의 양탄자를 형성하는 아네모네, 무릇, 앵초, 히아신스, 미나리아재비 등 봄 잔나무 숲의 아름다움도 알리 만무하다. 온대 지역의 또 다른 전유물은 봄이 올 무렵 햇볕이 잔나무들을 목욕시키고, 그 결과 나무들이 다시 잎으로 옷을 입기도 전에 꽃들로 만발하고, 결국 입사광선을 감소시키는 데 있다.

열대 식물군이 자신만의 특권을 드러내는 것은 바로 그들 식물군의 영속성, 그 관상 식물들의 화려함, 열대 정원의 모방할 수 없는 매력을 만드는 1년 내내 피어 있는 꽃들에서이다. 그럼에도 불구하고 열대 야생림——단순히 호텔을 둘러싼 정원이 아니라——에 드나들었던 사람은 누구나 식물의 상대적 무변화에 대한 인상만을 받는다. 이 무변화는 앞에서 언급된 해변과 정원을 제외하고는 지상의 이쪽 끝에서 저쪽 끝까지 무한히 반복적인 식물종들로 이루어진 식물상[10]의 극단적 다양성에 조금도 영향을 미치지 못한다.

이 마지막 현상은 특히 야자수가 가장자리를 두르고 있는 해변에서 명백하다. 그곳에서 자연은 해류 덕택에 씨앗을 여행 보낼 수 있는 몇 가지 희귀종만을 보존한 채 생태계를 기이하게도 단순화시켜 놓았다. 해안 가장자리에서 버섯처럼 서 있는 호텔들에 대해 말하자면,

---

10) 식물군(végétation)은 식물 군락, 그 외형과 분포 등을 상기시킨다. 식물상(flora)은 그것을 구성하는 식물종들의 목록을 조사한다.

그것들 자체가 극도로 단순화된 하나의 인간 생태계를 형성한다. 그 반복적인 스타일의 생태계는 항상 보다 큰 기능성을 찾는 데에 몰두하는 건축의 진부함을 증언한다. 같은 외양, 같은 규격의 설계, 같은 가구가 놓여진 객실 등. 차갑고 엄밀하게 말해 기능적인 이 건물들은 모든 이국적 연안 지역에 즐비하게 늘어서 있다. 건물들은 연안 지역과 통하는 공항에 대형항공기가 즐비하게 늘어서 있는 것을 본뜬 것처럼 보인다. 마찬가지로 여기저기에, 지구상의 모든 텔레비전 채널에서, 심지어는 미국의 연속극조차 캘리포니아나 플로리다의 도시 풍경을 대중화한다. 패스트푸드에 있어서도 똑같은 규격화가 일어났다. 현재 구(舊)공산주의 국가들과 가장 외떨어진 미개간지까지 정복한 패스트푸드가 모든 지구인에게 완전히 준비된 음식, 그리고 심지어는 코카콜라까지 제안하는 그런 식이다. 모든 수도에는 똑같은 빌딩과 함께, 베드타운에 둘러싸인 똑같은 비즈니스 거리가 들어서 있으며, 베드타운에서는 메갈로폴리스에서 쏟아져 나오는 것과 똑같은 자동차 물결이 흐른다. 도처에서 매일같이 인간은 스스로의 생활 공간을 규격화하고 통일시키는 놀라운 음모를 꾸민다. 인간은 이 퇴화로부터 아주 현대적이고 유명한 개념인 '지구촌'이나 '경제 세계화'를 가로질러 유희하는 것을 배운다.

이 가증할 만한 진보 앞에서, 동쪽에서나 서쪽에서나 향토성이 다시금 나타나기 시작했다. 민속예술과 전통의 계승, 지역 축제, 특산물 등이 설욕전에 나섰고, 생동감 있게 소생하고 있다. 인간은 기술 혁신의 격렬한 리듬에, 그리고 전통에 급속도로 뿌리를 박는 현대성에 반격을 가하고 있다. 전통이란 것은 어느 정도 기술 혁신에 대한 평형추 역할을 하기 때문이다. 또한 세계 도처에서 근본주의와 교조주의가 얼마나 확산되고 있는지도 우리는 잘 알고 있다.

도피에만 정신이 팔린 관광객들의 쾌락을 손상시키지는 말자. 열
대 정원은 아름답다. 설령 보다 호사스러울 정도로 다양한 정원이 아
니더라도 말이다. 열대 정원을 세상에서 가장 다양하고 가장 풍성한
식물상(flora)들의 유리창으로 간주해 보자. 그 유리창은 식물상들 중
보물 몇 가지만을 비추고 있을 것이다. 이들 중 가장 아름다운 것은
무엇인가? 화염목일까 아니면 협죽도일까? 양귀비일까 아니면 자카
란다일까? 가르데니아일까 아니면 알라만다일까?

12

침략자들에 위협받는 레위니옹

마스카렌(Mascareignes) 제도의 역사는 그곳의 상징이었던 도도(dodo · dronte)새의 멸종의 역사와 불가분의 관계에 있다. 이 종이 포식자들 없이 살았던 그 섬에서 완전히 사라지기까지는 2백 년도 필요치 않았다. 1500년 포르투갈 사람 디에고 디아스에 의해 발견된 이 땅들——레위니옹 섬, 모리스 섬, 로드리게스 섬——은 당시 인간의 발길이 전혀 닿지 않은 숫처녀의 상태였다. 기후의 온화함, 동물상(fauna)과 식물상(flora)의 풍성함은 항해사들에게 에덴 동산의 매혹을 환기시켰다. 그러나 풍경은 변화하는 것을 늦추지 않았고, 도도새들은 급속하게 사냥꾼들의 표적이 되었다. 이들과 함께 쥐, 개, 고양이, 돼지 등의 유입이 순식간에 30종의 조류와 7종의 파충류가 멸종되는 결과를 야기했다.

박물학자들은 동물 분류에서 도도새의 위치를 결정하기 위해 몇 개의 뼈대와 먹다 남은 찌꺼기를 두고 서로 대립했다. 결국 이 새는 비둘기와 인접한 곳에 위치됐다. 도도새는 '무겁고 게을러서' 날지 못하고 뛰는 것도 서툰 일종의 산비둘기로 분류됐다. 이 불행한 동물은 어쨌든 이같은 특징으로 기술되었으며, 그 마지막 견본은 1681년에 소멸됐다. 저명한 박물학자인 뷔퐁조차 스스로가 기술한 이 불쌍한 동물에 대해 애정을 보이지 못했을 정도이다.

"일반적으로 가벼움은 새에게 고유한 특질로 간주된다. 하지만 가 벼움을 새의 본질적인 특성으로만 간주한다면, 도도새는 새로서 인 정될 만한 자격을 갖지 못한다. 자신의 크기와 움직임을 통해 가벼움 을 나타내는 것과는 거리가 멀게 도도새는 우리에게 있어 유기체 중 가장 무거운 존재라는 생각을 갖게 한다. 동물계에서 힘을 가정케 하 는 몸의 크기는 여기에서는 우둔함만을 생산할 뿐이다. 타조와 화식 조(火食鳥, cassowary)는 도도새와 마찬가지로 날지 못하지만, 최소한 달리기에 있어서는 매우 빠른 속도를 낸다. 도도새는 자신의 무게에 의해 짓눌림을 당하고, 간신히 기어갈 정도의 힘만을 가지고 있던 것 처럼 보인다. 도도새는 나무늘보가 네 다리 짐승에 속한 것과 마찬가 지로 조류에 속한다. 도도새는 무생명체적이고 비활동적이라고 말해 질 수 있다. 이 새는 날개를 가지고 있지만, 날개가 너무 약하고 짧아 서 하늘로 몸을 들어올릴 수 없다. 도도새는 꼬리를 갖고 있지만, 이 마저도 균형이 없다. 도도새는 새의 가죽을 둘러쓴 거북으로 간주될 만했으며, 이 새에게 불필요한 장식을 부여해 준 자연은 우둔함에 거 추장스러움을, 무기력함에 움직임의 서툶을 부가해 주고 싶었던 듯하 다. 또한 자연은 새의 무거운 두께를 더욱 거슬리게 만들어 주고 싶었 던 것처럼 보인다. 도도새도 새라는 생각을 떠올리게 만들면서……."

게다가 도도새는 그 시대에 자신의 열등한 상태를 인식하고 있는 것으로 간주되었다. 박물학자 허버트는 "도도새의 생김새에서 마치 자연이 그 새에게 그토록 우둔한 몸과 함께 너무나 작아서 하늘에서 자신의 몸을 지탱할 수도 없고 오로지 그것이 새라고 여기게 만들 뿐 인 날개를 부여한 것에 대한 부당함을 느꼈다는 듯이 심오한 슬픔의

자취"를 보았다. 뿐만 아니라 도도새에게는 완벽한 어리석음까지 부가되었다. 그 새의 이름이 흔히 그 시대 박물학자들의 기술에서 떠올려지고 있는데, 박물학자들 대부분은 그 새의 멸종 이후에나 그 새의 가치를 알았던 것이다. 이 '어리석음'이야말로 도도새를 잡기 위해 공기총을 사용할 필요조차 없이 무방비 상태로 그 새가 일격을 당하도록 방치했다. 두려움이 없던 도도새는 결국 구조되지 못했고, 그 자리에서 죽임을 당하곤 했다. 요컨대 이 동물은 스스로의 멸종에 대한 책임을 면치 못하리라…….

더 안타까운 사실은 사냥꾼과 병사들에게 고지식하게 스스로를 내던져 주며 박해를 감수했던 도도새가 이번엔 모리스 섬의 적철과(Sideoxylon)[1] 나무의 멸종에 책임이 있다는 것이다. 이 나무는 가장 어린 개체가 약 3백 년을 헤아린다. 이 나무들은 그것들을 유일하게 수정시킬 수 있는 도도새와 관계를 맺으며 존재해 왔다. 최근의 연구들은 이 가금류들이 적철과 나무에 제공했던 것이 완전히 유별난 서비스임을 보여주었다. 칠면조를 대상으로 한 실험에서 적철과 나무의 단단한 열매는 가금류의 위에 머무르는 동안 부드럽게 변했다. 이 열매의 표면은 동물의 소화관을 통과함으로써 말랑말랑해지고, 이어 대변으로 배설되어야만 발화가 가능해진다. 이렇듯 우리는 도도새의 식이요법과 긴밀하게 결부된 삶의 방식이 단기적으로 새를 따라 죽음에 이르게 된 이 나무를 구할 수 있다는 희망을 다시금 가지게 된다. 이는 최소한 미국 대학 교수들이 주장하는 명제이다. 그러나 정확히 마스카렌 제도의 식물상에 대한 연구가 진행된 프랑스에서 이 명제는 몇 가지 이론을 야기했다.

---

1) Sideroxylon sersiliflorum. Sapotacées.

우선 적철과 나무의 씨앗이 도도새나 칠면조 없이도 발화에 성공하는 일이 간혹 일어난다는 사실이 입증됐다. 이는 드문 경우지만 이를 관찰한 사람이 있었다는 것은 분명한 사실이다. 이로부터 순진하지 않은 다음과 같은 추론이 가능하다. 즉 적철과 나무가 도도새에 절대적으로 의존한다는 명제가 옳다면, 모리스 섬에는 도도새 몇 마리가 생존하고 있을 거란 것이다. 물론 현실은 한 마리의 도도새도 없다! 그러나 인간은 완전히 모든 도도새를 멸종시켰던 반면에 금세 섬의 정복자가 된 열대산 원숭이를 섬에 데려왔다. 이 녀석들은 즐겁다는 듯이 풍토성 식물들을 먹어치우고 유린하면서 심각하게 위협했다. 적철과 나무의 씨앗도 이 원숭이들의 먹이의 일부분을 구성했다. 요컨대 도도새는 분명히 씨앗의 발화를 용이하게 했을 테지만, 열대산 원숭이들도 무조건적으로 이 씨앗들을 먹어치웠음에 틀림없다. 이는 나무의 감소를 설명해 줄 수 있는 부분이다. 이 문제에 있어서는 모두가 공감한다고 볼 수 있으며, 도도새에 대한 열대산 원숭이의 대체는 적철과 나무의 붕괴를 가속화했음에 틀림없다.

마스카렌 제도의 식물상에 가해진 대량학살은 도도새의 운명을 부러워할 필요가 없다. 이 제도에서 적철과 나무는 위기에 처한 유일한 식물종이 아니다. 이같은 사정은 불행하게도 가장 아름다운 식물들이 처한 현실이다. 예컨대 그것들 중에는 진홍빛과 장밋빛 혹은 순백으로 눈부시게 채색된 거대한 꽃이 매력적인 소관목, 트로케티아(**Trochetia**)가 있다. 카카오과에 속하는 트로케티아는 마스카렌 제도의 풍토성 종으로 모리스 섬에만 존재하는 다섯 가지 종과 레위니옹 섬에만 서식하는 한 가지 종을 포함하고 있다. 이 종들 중의 하나[2]는

---

2) Trochetia parviflora. Sterculiacées.

모리스 섬에서 1840년 이후로 더 이상 재발견되지 않았다. 이에 따라 이 종은 이때부터 소멸된 것으로 분류되었다. 다른 종들은 희귀종이 되었다. 눈부시게 아름다운 개화를 과시하는 트로케티아종은 마스카렌 제도에만 속하지만, 세인트헬레나 섬에 사촌 뻘 되는 종이 있으며, 이 종은 진정 섬의 상징이 되고 있다. 현기증이 날 정도로 깎아지른 산비탈 바람 많은 산악 지대로 망명한 이 종들은 2세기 반 동안 섬을 뒤덮은 밀집되고 강력한 식물군을 보여준다.

도도새와 적철과 나무의 역사를 모델로 삼아 트로케티아에 속한 하나의 종이 동박새(zosterops)라는 작은 새와 기묘한 관계를 맺고 있다. 방울 모양의 환상적인 진홍빛 꽃의 꿀을 무척 좋아하는 이 작은 새는 세상에서 가장 맛난 것에 취하기 위해 일격에 화관의 받침을 부리로 찌르는 것을 주저하지 않음으로써 성공적인 수분(受粉)에 대한 생각은 잊어버리고 만다. 그런데 자연계에서 수분은 꿀에 이끌린 곤충이나 새의 방문에 의한 자연적 결과이고, 꿀은 수분자에 대해 꽃이 제공하는 관례적인 보상이다. 그러나 동박새의 경우는 무전취식에 다름이 아니다. 이 새는 내는 것 없이 먹기만 하는 것이다.

트로케티아의 경우처럼 히비스커스(Hibiscus)도 환상적인 꽃을 피운다. 모두가 월계화(chinese rose)를 알고 있다. 이 꽃은 오늘날 지중해식 분수와 구대륙의 연안 지방에 널리 분포한다. 모리스 섬 동쪽, 로드리게스 섬에 속한 작은 섬에 매우 선명한 오렌지 색깔의 꽃을 피우는 유별난 히비스커스[3]가 있는데, 이 섬에 거주하는 백인의 후예들은 이 식물에 '망드리네트(mandrinette)'라는 예쁜 이름을 붙였다. 불행하게도 이 종은 단 하나의 개체만이 접근이 불가능한 장소에 남아 있을

---

3) Hibiscus liliiflorus. Malvacées.

뿐이며, 이 때문에 이 종이 구원될 수 있었다. 식물학자들은 그 유명한 모리스 섬의 팜플무스 정원, 레위니옹 섬의 마스카랭 식물원, 낭시 식물원 등에서 정성을 다해 이 종을 재배했으며, 특히 낭시 식물원에서는 1988년 7월 처음으로 이 식물이 꽃을 피웠다. 인도양의 깊은 바다에서 길을 잃은 정도의 소름끼치는 아름다움, 망드리네트는 이 섬에서 가장 화려한 꽃으로 간주된다.

모리스 섬의 풍토성 소관목인 돔베야 모리티아나(**Dombeya** **mauri-tiana**)[4]의 운명은 특히 기이하다. 이 나무는 수컷 그루와 암컷 그루로 구성돼 있다. 브레스트 국립식물원은 마스카렌 제도에서 임무를 수행하던 도중 이 소관목 가운데 살아 있는 단 하나의 개체, 그것도 수컷만을 발견했다. 식물은 꺾꽂이를 통해 번식하지만, 영양 생식으로 번식한 남성 개체만으로는, 꺾꽂이는 결코 가능할 수 없을 터이다. 1993년 국립식물원은 이 식물의 유성 생식의 자연적 순환의 회복을 위해 독창적인 시도에 나섰다. 적당한 호르몬 요법을 통해 수컷 꽃이 암컷 꽃으로 변형되었던 것이다. 암컷화된 이 트랜스젠더 꽃들은 수컷 식물의 꽃가루에 의해 수정이 되었고, 씨앗과 새싹을 선사했다. 일종의 화학적 구원, 이는 세계 최초가 아니던가! 그러나 이같은 방식으로 얻어진 씨앗들은 부모와 동일한 유전 형질을 이어받았다. 왜냐하면 그 씨앗들은 근본적으로 하나의 개체에서 파생한 것이기 때문이다. 그럼에도 이 종은 씨앗과 꺾꽂이를 통해 존속되고 있다. 그러나 이 종은 유전적으로 단 하나의 클론(개체가 무성적으로 증식·발생한 식물군)으로 계속 환원되어진다. 오로지 오랜 시간에 걸쳐 돌발하는 돌연변이만이 생명체에 고유한 유전적 변화 과정을 제대로 회복시킬

---

4) Sterculiacées.

수 있을 것이다.

커다랗고 아름다운 관상용 꽃이 피는 이상의 나무들에 관한 3부작 후에 등장하는 것이 레위니옹의 풍토성 종으로 작은 장밋빛 꽃을 피우는 뤼지아 코르다타(**Ruizia cordata**)[5]이다. 약간은 화려한 이 식물의 독창성은 더 이상 화관과 관련되어 있는 것이 아니라 믿을 수 없을 정도로 변이성이 강한 경이로운 나뭇잎에 있다. 하나의 동일한 나무 그루에서 그 나뭇잎들은 너도밤나무의 잎과 흡사하기도 하고, 플라타너스 나뭇잎과, 아니면 단풍 나뭇잎, 심지어는 인도 대마와 흡사하기도 하다. 이같은 일련의 예에서 우리는 이 나뭇잎이 때때로 톱니바퀴 모양이어서 그 분할들이 결국 실처럼 가는 형태가 된다는 점에 주목하게 될 것이다. 이는 뤼지아의 가장 놀라운 식물학적 특성을 이루는 대목이다. 매혹적인 잎이 우거진 이 '백색 향료의 나무'——크레올(식민지 태생의 백인)식 명칭——는 레위니옹 섬의 건조한 지역 양지바른 바위 비탈에 서식한다.

뤼지아는 1771년 그 유명한 세계 일주의 와중에 코메르송이 이끄는 인상적인 식물학자 무리——섬의 첫번째 탐험대——에 의해 관찰되었다. 이어 1830년 뒤 프티 투아르가 "이 우아한 나무는 그 흰색이 괄목할 만하다"고 적고 있다. 이는 몇십 년 뒤 생드니 산에서만 이 나무를 보았던 리샤르는 공유하지 않는 관점이다. 마지막으로 19세기말 코르드무아가 이 종이 레위니옹 섬의 건조 지역에 상당히 분포돼 있는 것으로 고려한다. 이후로 뤼지아는 심각한 감소를 겪게 되는데 한편으로는 그 옛날 서쪽 낮은 비탈을 뒤덮고 있던 건조 식물군의 자생지 파괴, 다른 한편으로는 '약초 채집자들'에 의한 집중적인

---

5) Sterculiacées.

수확 때문이다. 사실 이 식물은 약재로서 유명하지만, 무엇보다도 그 나뭇잎의 극단적 변이성과 연관되어 주술-의학적으로 이용되었다. 나뭇잎은 이 식물을 '영혼의 변형자들'로 인식하게 했으며, 이는 전 세계의 전통문화에 공통적인 믿음인 그 유명한 '표시 이론'에 부합하는 것이다. 이 이론에 따르면 각각의 식물은 몇 가지 해부적 조직의 특성으로 자신이 부여받은 생체 기능을 '표시한다.'

1975년 브레스트 국립식물원 원장인 장 이브 르수에가 그 식물을 다시 발견하지 못한 채 마스카렌 제도를 측량했을 때 그 종은 멸종된 것으로 간주되었다. 그러나 몇 주 후, 프랑시스 프리드만이 매우 악화된 상태에 놓인 두 그루를 발견했다. 이 나무들은 1983년 두 그루 모두 소멸됐다. 다행히 그것들 중 하나에서 채취된 꺾꽂이가 브레스트 국립식물원과 레위니옹의 여러 정원에 심어졌다. 1984년 봄 또 다른 하나의 표본이 그 자리에서 발견되었지만, '약초 채집자들'에 의해 가지가 잘리고 껍질이 벗겨진 뒤였다. 그루터기와 어린 새싹만이 남아 있을 뿐이었다. 그럼에도 조형학적인 화려한 잎을 지닌 이 아름다운 식물을 경작해 보존하는 일이 성공, 결국 이 종은 구원된 것으로 간주될 수 있었다. 정원과 식물원에 보호된 이 식물은 1988년 자신의 생활권에 되돌려졌다── '약초 채집가들'이 이번에는 이 식물에 생존의 기회를 가질 여지를 남겨 주리라는 희망과 함께…….

이상에서 인용된 식물들은 히비스커스류를 제외하고는 모두 카카오과(Sterculiaciées)에 속한다. 이는 또한 돔베야(Dombeya)와 인접한 국화과(Asteria Rosea)에 속하는 것이기도 하다. 이 예쁘장한 식물은 19세기 초반에는 모리스 섬 고지대의 습도가 높은 숲 속의 여러 지역에서 발견됐었지만, 1860년 이후로는 어떤 식물학자도 이 식물을 다시는 보지 못했다. 이 식물은 특히 영국의 여러 식물원에 옮겨 심어졌지만, 오늘날 그곳에서 완전히 사라졌다. 따라서 이 식물은 원자생지에서도 제2의 자생지에서도 모두 멸종된 것으로 간주되고 있다. 이는 우리가 남아 있는 식물 표본으로만 그 식물을 볼 수 있는 것처럼 화려한 장밋빛 꽃과 벨벳처럼 솜털이 많은 잎이 난 소관목과 관련된 일이었다. 너무 아름다운, 너무 많이 채집된 모리 섬의 이 풍토성 식물을 다시 발견할 기회는 거의 없다. 식물계에서 이 식물의 운명은 동물계에서 도도새의 운명과 짝을 이루고 있다. 하나의 종이 멸종되면, 새로운 10개의 종이 다시 나타나는가? 단연코 그렇지 않다. 왜냐하면 인간이 환경에 압박을 가한 최근 몇 세기 이래로 여러 종들이 자연적으로 진행되는 것보다 훨씬 빠르게 사라졌기 때문이다. 신종(新種)을 탐구하는 식물학자들에 의한 기술은 착각이 아니다. 이들의 기술은 항상 생명의 세계에 대한 보다 섬세한 관찰에 부합하며, 이는 미지의 종들을 발견할 수 있도록 해준다. 하지만 이는 자연에 갑작스레 닥쳐 올 일종의 생성의 인플레이션과는 전혀 관계가 없는 것이다.

이처럼 모리스 섬은 '식물학에 있어서 새로운' 야자수의 발견을 잉태하는 것을 스스로 목격하기에 이른다. 텍티피알라(Tectiphiala)[6]는 키가 대략 2미터 가량이며, 가시가 많이 돋아나 있다. 이 작은 나무의 전체 수는 30여 개체를 넘지 않는 것처럼 보인다. 그러니까 이 야자수는 극도로 분포가 국한돼 있으며, 이 때문에 보호받고 경작되기에 좋은 조건이라 할 수 있다.

하나의 야자수가 발견되면 다른 야자수가 사라진다. 마스카렌 제도에는 이오포브(Hyophorbe)라는 풍토성 종으로, 모리스 섬에 3종, 로드리게스 섬에 1종, 레위니옹 섬에 1종 등 모두 5종만이 존재할 뿐

---

6) Tectiphiala ferox. Palmacées.

이다. 그런데 모리스 섬에 서식하는 세 가지 종 중 하나[7]는 퀴르피프 (Curepipe) 식물원에서 자라는 단 하나의 개체만이 알려져 있을 뿐이 다. 원예가들에 의해 보호되고 있음에도 불구하고 단 하나의 구조된 개체만이 존재하는 이 식물종의 운명은 너무나도 취약하다. 남국의 여름철 모리스 섬에는 열대성 저기압이 잦은 탓으로 이 식물을 지역 적으로 번식시키려는 시도들이 한 번도 성공을 거두지 못했다. 열매 의 성숙은 어렵고, 식물은 시험관 내 배아 성장을 포함해서 모든 번식 을 위한 시도에 저항하는 것처럼 보인다. 이는 이 식물이 분명하게 위기에 처한 식물임을 보여주는 것으로, 그 종의 가장 마지막 개체가 모리스 섬의 아름다운 정원에서 임종을 기다리듯이 홀로 몸을 아끼 고 있다.

이 매혹적인 섬에서의 여정을 계속해 봅시다. 여기에 우유나무[8]가 있다. 잎이 길게 늘어져 있는 이 작은 소관목은 희귀종으로, 매우 드 물게 꽃이 개화하고, 따라서 열매가 열리는 일도 예외적이다. 1986 년, 8개의 씨앗을 품고 있는 열매 하나가 발견돼 마스카랭 식물원에 맡겨졌으며, 이 열매로부터 7개의 새싹이 텄다. 이 식물종은 번식력 이 거의 전무한 상태이며, 게다가 꺾꽂이 번식에 대한 모든 시도에도 저항함으로써 소멸 직전에 놓여 있다. 그런데 이 우유나무가 라틴어 로 타베르나에몬타나에(Tabernaemontanae)라는 기이한 이름을 얻게 된 것은 16세기 독일의 저명한 식물학자 타베르나에몬타누스에 헌정 한 데 따른 것으로, 이 나무는 약용 식물로 널리 활용되는 거대 식물 군인 협죽도과에 속한다. 극도로 희귀종인 이 식물종의 멸종은 세계

---

7) Hyophorbe amaricaulis. Palmacées.

8) Tabernaemontana persicariaefolia. Apocynacées.

유산에 있어서의 중대한 상실을 초래한다. 타베르나에몬타나에과에 속하는 여러 식물종은 약효가 강한 물질[9]을 함유하고 있으며, 이는 귀중한 약재로서 활용될 가능성이 높은 것으로 간주된다.

쐐기풀속(nettle)[10]은 따끔거릴 정도로 찌르는 소관목이다. 뤼지아의 잎처럼 이 나무의 잎은 매우 변형이 많은 형태를 띤다. 우리는 레위니옹 섬에서 이 식물의 자생지 네 곳과 여러 정원의 경작지들을 알고 있다(그 나뭇잎들은 돼지 설사약으로 간주되었다). 풍토성 나비[11]의 애벌레는 이 식물의 나뭇잎만을 먹는다. 이 식물이 사라지는 날이 도래하면 이 식물에 기생하는 나비도 함께 사라질 것이다. 말하자면 화살 하나로 두 마리의 새를 잡는 격이다. 물론 나쁜 의미에 있어서……. 이는 먹이사슬의 적절한 예이지만, 우리로 하여금 광대한 수의 식물 및 동물종에 있어서 그들의 상호 관계가 미지로 남아 있는 것이 아직도 많다는 사실을 잊게 만들 수도 있다. 이런 관점에서 생태학은 아직 태동기에 머물러 있을 뿐이다.

쐐기풀속의 상품화는 경작되어지지만 결코 다시 심어지지 않는 식물종들을 짓누르는 또 다른 위협의 형태를 이룬다. 왜냐하면 오늘날 번식과 옮겨 심기에 기초한 숲의 '이성적인' 경작은 열대 세계에서는 거의 낯선 일이다. 이렇듯 악취를 풍기는 나무[12]줄기와 '악취나무'는 레위니옹 섬과 모리스 섬의 오래된 크레올식 거주지의 골조로 사용됐다. 19세기말경 두 섬을 방문했던 자콥 드 코르드무아에게 있어서 이 나무는 격한 악취를 풍기지만 실제로 그 나무를 썩지 않게 만드는

---

9) 시약용 알칼로이드.

10) Obetia ficifolia. Urtiacées.

11) Antannartia borbonica.

12) Foetidia rodriguesiana. Lecytidacées.

기름이 스며 나오는 그런 나무였다. 게다가 나무껍질은 '해열(解熱)'을 위한 탕약 조제에 사용됐다. 그렇기 때문에 베어지고, 껍질이 벗겨져 희귀종이 돼 버린 나무는 건조한 숲의 흔적인 협곡에 국한돼 있다. 이미 그 자생지가 매우 국한된 식물 종에 있어서 이같은 현상이 흔히 일어나는 일이듯이, 이 나무의 번식은 거의 전무하다. 이는 이 나무에게 급속한 멸종을, 최소한 자생지에서의 멸종을 선고한 것에 다름 아니다.

'악취나무' 와 마찬가지로 흑단목(ebony-tree)[13]는 영국인과 프랑스인의 도착보다 훨씬 이전인 네덜란드 식민지 시절부터 막대한 벌채를 감수했다. 모두가 풍토성인 각기 다른 17종이 마스카렌 제도에 존재하고 있으며, 그 중 하나는 유일하게 레위니옹 섬에서만, 상대적으로 해발이 낮은 숲에 분포돼 있다. 흑단목의 다양한 종은 단단하고 검은 핵을 가지고 있다. 색인 목록에 포함된 17개 종 가운데 10개 종은 이미 멸종했거나 위기에 직면해 있다. 반면 세계에서 가장 훌륭한 목재를 제공하는 것으로 간주되는 또 다른 하나의 종[14]은 충분히 번식이 이루어져 막대한 벌채에도 불구하고 위기를 모면하고 있다. 이 종의 현 개체들은 너무 어려서 베어지지 않고 있으며, 그 결과 이 종은 번식되고 좋은 조건에서 생존할 수 있게 됐다.

'밤색 커피(café marron)' [15]는 1940년 이래 자연계에서 사라졌다가 1980년 로드리게스 섬에서 재발견되었다. 이 재발견은 흥분을 자아냈다. 왜냐하면 그 식물이 다시 한번 독창적인 나뭇잎의 두 형태를 보여주었기 때문이다. 그 나뭇잎은 하나는 얇고 길게 늘어졌고, 다른

---

13) Divers Diospyros. Ebenacées.

14) Diospyros tesselaria. Ebenacées.

15) Ramosmania heterophylla. Rubiacées.

하나는 명백하게 보다 크고 보다 짧은 형태를 띠고 있다. 놀라운 나뭇잎의 이질적 현상은 이 섬의 식물상에서는 흔한 것으로 아직까지 설명되지 않고 있다. 위기에 처한 이 종의 생존을 보장하기 위해 2개의 꺾꽂이 가지가 1986년 모리스 섬 정부에 의해 영국의 큐 식물원에 보내졌다. 꺾꽂이는 성공적이었고, 따라서 몇 개의 견본이 현재 큐 식물원 온실에 있다. 위기에 처한 식물에 있어 놀랄 만한 결과로 이어진 이 에피소드는 중대한 반향을 일으켰다. 이 식물의 구제가 보고되었으며, 그 유명한 큐 식물원은 감동적인 이야기를 취재하기 위해 구름같이 몰려든 기자들에 의해 정복됐다. 그러나 이 종에 대해 아슬아슬한 일화만이 화제가 될 수 있었다는 것을 사람들이 인식했을 때 미디어 매체들의 관심은 곧 식어 버리고 말았다. 이 종은 위험한 독을 분비하지도 않았으며, 식물계의 기형(畸形)도 아니었다. 간단히 말해서 이 종에는 흥미를 끌 만한 어떤 것도 없었던 것이다. 이보다 더 진부한 것이 무엇이 있을까? 인도양의 한가운데 잃어버린 작은 섬이 원산지인 '평범한' 한 식물의 가정된 죽음과 예고된 부활보다……

항상 '잃어버린 그리고 되찾아진' 것에 대한 신문 기사에서는 화려한 야자수 풍모의 난초과 식물[16]에 이르러서 목록을 닫는 것이 적합하다. 이 놀라운 식물은 프랑스 식물학자 코르드무아에 의해 1870년 마지막으로 살아 있는 것이 발견됐다. 이 식물학자의 부인인 에우독시가 고무 수채화법으로 주의 깊게 그 식물을 그렸다. 그 그림은 1993년까지 남아 있던 그 식물의 모든 것이었다. 그러나 식물의 새로운 표본이 같은 해에 레위니옹 섬의 한 식물학자에 의해 자연계에서 다시 발견됐으며, 그 결과 사람들은 멸종된 식물종 중 하나로 분류

---

16) **Angraecum palmatum. Orchidacées**.

됐던 이 식물의 예기치 않은 부활에 기뻐할 수 있었다. 우리는 1984년, 장 피에르 퀴니와 함께 텔레비전 시리즈 ‘식물의 모험 2탄’ 을 준비하고 있던 시절, 그 식물을 멸종된 식물의 전형으로 간주했었다.

마스카렌 제도의 화려하면서도 고통을 겪은 풍경 가운데를 파고든 이번 여정에서 무엇으로 결론을 내려야 할까? 우선은 위의 식물 목록이 완벽한 것과는 거리가 멀다는 것, 그리고 우리가 독자를 싫증나게 하지 않게 하기 위해서만 그 목록을 포기할 것이다. 마스카렌 제도에서는 수많은 식물종들이 긴박한 위기에 처해 있다. 이 식물들의 유일한 생존 기회는 이들이 충분한 성숙 단계에 이르러 자생지로 어린 견본들이 다시 도입될 수 있다는 희망과 함께 식물원으로 운반되거나 자생지를 떠나 경작되는 데 있다. 그러나 환경의 문제가 마찬가지로 제기된다. 마스카렌 제도는 마다가스카르인, 네덜란드인, 프랑스인, 영국인, 인도인, 중국인 등에 의해 연속적으로 방문되거나 점령되었다. 이 모든 종족들은 그들의 가축과 경작 식물을 이 제도에 들여왔고, 기타 본의 아니게 들여온 것들도 있었다. 이것들은 풍토성 식물로 하여금 혹독한 생존 경쟁을 치르게 한 무시무시한 점령자, 진정한 ‘식물의 페스트균’ 임을 드러냈다. 풍토성 식물들은 대개 이 경쟁자들에 제대로 저항하지 못했다. 섬에 격리된 채, 극단적으로 보호받고, 거의 생존 경쟁이 존재하지 않는 그런 환경에서 식물들은 그 환경에 맞는 습성을 갖게 됐다. 그러다가 갑자기 훨씬 경쟁적인 식물들의 침입에 맞서게 된 것이다. 여기에서 ‘생존을 위한 발버둥’ 은 특히 혹독하게 되며, 그 발버둥에서 새로운 것들이 빠르게 우세를 점하게 된다.

이 ‘페스트균’ 들 중에서 가장 위험한 것은 의심할 여지 없이 말레이시아가 원산지인 밤색 오디나무[17]이다. 이 나무는 지난 세기 중반경 인도 캘커타 식물원에서 마스카렌 제도로 들어왔다. 이 나무는 그것이 매우 인접한 나무딸기처럼 포도나무를 환기시키는 잎을 가진 덩굴 식물이다. 1895년 자콥 드 코르드무아가 레위니옹 섬에 대해 언급하면서, "이 나무가 섬의 거의 전체를 뒤덮고 있다"고 이미 다음과 같이 보고한 바 있다. "이 나무는 토종 식물군을 말라죽게 할 뿐만 아니라, 숲을 파괴하는 등 진정한 재앙이 되고 있다." 그때부터 이 식물은 계속해서 자신의 지배력을 강화해 나갔고, 그 결과 고지대 식물군을 제외하고는 이 페스트균으로부터 보호된 숲을 더 이상 만나지 못하게 됐다. 밤색 오디나무는 최근의 개간지까지 모든 장소를 막론하고 놀라운 속도로 자리를 잡아갔다. 그리고 나서 이 나무는 침투할 수 없는 울타리를 만들어 숲의 오솔길과 사잇길을 닫아 버렸다. 식물 덮개의 모든 자연적이거나 우연적인 틈은 이 나무딸기, 밤색 오디나무의 성장에 의해 신속하게 메워졌다. 자연 풍경에서 나무딸기의 성장은 보다 밝은 녹색의 얼룩에 의해 부각되어지며, 그것이 토종 식물군의 어두운 잎과 함께 형성하는 색의 대비에 의해 쉽게 드러난다. 밤색 오디나무는 매우 양지바른 곳을 좋아하며, 자신의 가시 돋친 덩굴을 나무와 소관목의 꼭대기까지 기어오르게 하면서 숲 속을 비집고 들어가고, 이때 나무와 소관목들은 시들어 가게 된다. 나무딸기의 가시덤불이 형성하는 그늘의 농도는 잔나무들을 어둡게 해 그곳에 살고 있던 식물들의 반짝거림을 초래한다. 이 나무딸기의 개체 하나가 신속하게 1백 평방미터 이상을 덮을 수 있다. 자연 발생적인 휘묻이 식물의 챔피언인 이 나무딸기는 사방팔방으로 그 덮개를 넓혀 가면서 전속력으로 번식한다. 밤색 오디나무가 우리의 나무딸기 열매와

---

17) **Rubus mollucanus. Rosacées.**

매우 견줄 만한 붉고 수분이 많은 오디열매를 생산할수록 새들은 이 열매를 즐기고, 또 배설물로 그 씨앗을 배출하면서 이 식물의 번식에 기여한다. 레위니옹 섬에서와 마찬가지로, 모리스 섬에서도 밤색 오디나무는 이렇듯 진정한 재앙의 씨앗이 돼 버렸다.

그러나 '갈라베르(galabert)'나 '황금 산방화서(corbeil d'or)'[18] 같은 매우 아름다운 페스트균들도 존재한다. 이 식물종들은 덤불을 이루며 가시가 돋친 덩굴 식물로, 붉고 오렌지색이거나 노란색의 찬란한 색채를 띤 작은 꽃들로 이루어진 은혜로운 산방화서(繖房花序)로 덕분에 관상 식물이 됐다. 마찬가지로 검은색의 풍성한 작은 열매가 새들에 의해 뿌려진다. 새들은 수천 개의 씨앗을 퍼뜨리는데, 이는 이 식물에 엄청난 정복 능력을 부여해 주는 것이다. 란타나의 아름다움은 이 식물을 지구상의 열대 및 온대 지역에서 광범위하게 재배되는 장식용 식물로 만들었다. 이 식물의 라틴어 명칭이 미스터리로 남아 있다 할지라도, 그 '주둥이'는 모든 사람이 알고 있다. 이 식물은 레위니옹 섬에서 숲의 열등한 지층을 형성하는 서편 협곡의 중간 지대 비탈길을 거의 독점적으로 점하고 있다. 레위니옹 섬의 주민들은 이 식물이 갈라베르라고 불리는 한 신부가 중앙 아메리카에서 가져왔다는 이유로 '지옥의 갈라베르'라고 부른다. 이 식물의 정복 능력은 마스카렌 제도에 국한된 것만이 아니다. 인도, 호주, 피지에서 사람들은 이 식물에 선전 포고를 한다. 탄자니아에서도 다음과 같이 씌어진 게시판을 발견할 수 있다. "땅의 도적인 이 식물이 발견되면 바로 제거해 버리시오!"

구아바나무(guava-tree)[19]는 이 식물 페스트균들 중에서는 좋은 위치

---

18) Lantana camara. Verbénacées.

에 놓인다. 브라질이 원산지인 이 식물은 18세기말부터 과실수로서 유입되기 시작했다. 가느다란 소관목인 이 나무는 매우 사회적이고 번식이 빨라 정원에 심어져도 금세 울타리를 벗어난다. 이 나무는 오늘날 집단을 형성하고 있는데, 그 밀도가 너무 커서 거의 진입이 불가능하다. 오랜 휴한지도 문자 그대로 이 나무에 의해 뒤덮인다. 이 나무는 또 자신의 동류성인 밤색 오디나무처럼 중·저고도의 숲에 침투한다. 레위니옹 섬에서 습도가 매우 높은 지역, 그랑 브륄레(Grand Brûlé)의 용암 분출로를 따라 구아바나무는 아직 사람의 손길이 닿지 않은 용암 위에 자리를 잡고, 빠르고 밀도 있는 성장에 의해 토착 식물군의 정상적인 성장을 차단한다. 매년 이 소관목은 놀랄 만한 양의 과일과 종자를 생산한다. 단 하나의 개체로부터 이렇듯 풍성하고 견고한 하나의 식민지가 형성될 수 있다. 모리스 섬에서처럼 레위니옹 섬에서도 구아바나무 같은 것들로 인해 진입이 불가능한 그런 협곡이 존재하는 것이다. 인간은 먹을 수 있는 그 열매를 채집하기 위해서만 그 협곡으로 진입을 시도한다. 이 열매는 전 식물계에서 가장 비타민C가 풍부한 것으로 평가되며, 비타민C가 많은 층에 속하는 서양자두, 까막까치밥나무 열매보다도 훨씬 성분이 많다. 그러나 18세기 인간은 이 식물종을 들여오면서 그 이면을 보지 못했다. 구아바나무는 분명 인간을 위해 좋은 것이지만, 농업을 위해서는 그렇지 못했던 것이다.

실 제조에 사용되는 섬유질을 얻기 위해 오래전부터 재배된 열대 아메리카의 토종 식물인 '그린 초커(green choca),' 혹은 '그린 알로에(green aloe)'도 마찬가지로 기이한 식물이다. 레위니옹 섬에서 이 식

---

19) Psidium cattleianum. Myrtacées.

물의 재배는 몇십 년 전부터 중단되었지만, 여전히 토지를 점유하고 있다. 이 식물은 하늘을 향해 길다란 꽃대를 여기저기서 곤두세운 채 섬 도처에서 발견되어진다. '그린 초커'는 막대한 번식 능력을 소유하고 있기 때문이다. 이 식물의 생존 방식과 생식 방식은 매우 독창적이다. 이 식물은 자신의 생명 안에서 높이가 10미터까지 다다를 수 있는 막대한 꽃차례[花序]를 발육시키지만,——이는 식물계에 있어 하나의 기록이다!——그 수많은 작은 꽃들은 모두가 열매를 맺지 못한다. 이 얼마나 기이한 패라독스인가! 그러나 이 꽃들의 받침에서 발견되는 작은 포(苞)들로 이루어진 잎겨드랑이에서 구아(球芽)들이 태어나는데, 이것들은 식물의 번식에 협력하는 일종의 미세한 꺾꽂이들이다. 이 구아들은 그 수가 너무 많아서 꽃차례가 그것들의 하중으로 휘어질 정도이며, 크게 안쪽으로 구부러져 결국에 꺾이기까지 한다. 이 구아들은 씨앗처럼 땅위에 뿌려지며, 수십 평방미터 위에 빽빽하고 밀집한 모판을 형성한다. 이처럼 자신의 주위에 씨를, 아니 더 정확히는 구아를 파종한 이 식물은 자손에게 자신의 자리를 물려주고 죽음을 맞이한다. 이 식물의 새싹들은 이때부터 치열한 생존 경쟁에 전념하게 되는데, 이 경쟁으로 상당수의 다른 새싹들이 제거될 것이다. 왜냐하면 한 식물에게 있어서 자기 씨앗이나 구아들을 퍼뜨리는 요인을 갖지 않는다는 것은 좋은 일이 아니기 때문이다. 이런 관점에서 '그린 초커'는 밤색 오디나무와 갈라베르의 사례를 떠올리게 하는데, 새들은 이 식물들에게 어머니 식물로부터 멀리 씨앗을 퍼뜨릴 수 있는 놀라운 능력을 보장해 준다.. '그린 초커'의 경우, 이와 반대로 구아들은 이 식물의 그늘가에 집중되어 있어서 양지를 차지하기 위한 가차없는 싸움을 벌여야 한다. 불행하게도 모든 구아들이 양지를 점할 수 없어 가여운 것들은 다른 곳으로 갈 어떠한 수단도 갖지 못한다. 즉 사라지게 되는 것이다. 요컨대 인간과 마찬가지로 식물에게 있어서도 너무 많은 자식을 품는 것은 바람직하지 않은 듯하다. 그러나 출생의 잔혹한 제한 기도도 이를 막지는 못한다. '그린 초커'는 도처에 있다.

인간이 유입시킨 무시무시한 경쟁자에 비해 섬의 풍토성 식물이 구현하는 끔찍한 수동성 혹은 에덴 동산의 순수성은 근대성과 갑작스럽게 맞닥뜨린 인디언 주민들의 불공정 게임을 환기시킨다. 그 근대성이란 침략자들의 우월성과 거만함, 교활하고 인정사정없는 식민 개척, 특히 아무도 저항할 수 없는 군대 등에 불과하다. 다윈식의 생존 경쟁은 어떻게 보면 원산지에서 멀리 떨어진 곳에 식물을 옮겨 심는 무모함에 의해 증대되는지도 모른다. 그 먼 곳에서 식물들은 자신의 영향력을 제한하는 토착 경쟁자들을 만나게 된다. 이 점에서 서구 식민개척자들은 침략 식물들과 매우 유사하다. 식민개척자들과 침략 식물들이 모험 취향과 재화 획득이란 동기를 갖고 그들을 너무나 속박했던 청교도적 윤리의 엄격한 기준을 뒤로 한 채 조국과 원산지를 떠난 동안, 토착민과 토착 식물들도 마찬가지로 그들과 같은 장소에 잘 적응하고 그들을 포용한 종들과 균형을 이룬 채 살았던 그들 자신의 생태계를 떠난다. 이들 동반자 종들은 식물뿐만 아니라 박테리아 무리, 버섯류, 선충류, 혹은 곤충들이 포함된다. 이들 동반자 종들은 질병을 발생시키고 퍼뜨림으로써 너무 왕성한 식물들의 확산을 막는다. 불행하게도 대개의 경우 '침략자 식물들'은 경쟁자나 자연적인 '제동 장치'를 동반하지 않은 채 유입됨으로써 아무런 장애 없이 번식하고, 토착 식물들의 불행을 초래하게 된다. 마치 카우보이들에 의해 대량 학살된 아메리카 인디언처럼……

마찬가지로 이 섬에 서구 침략자 식물들의 경쟁자와 라이벌을 찾아내 유입해야 할까? 가령 수마트라나 자바에서 경쟁자나 라이벌을 찾아낸 경우를 가정해 보면, 어떤 곤충이나 미생물이 자연적으로 밤색 오디나무와 동반해 나무의 번식을 피할 수 있을 것이다. 1920년대 오스트레일리아에서 멕시코 부채선인장(mexican opuntia)의 놀라운 번식을 억제한 것이 바로 이같은 자연의 전략을 통해서이다. 그 외양이 서남 아메리카의 풍경과 불가분의 관계에 있는 이 선인장은 농민들의 밭에 울타리를 형성하기 위해 유입된 바 있었다. 그러나 부채선인장은 속전속결로 울타리를 만들었고, 그 울타리가 곧 밭을 점령해버렸다. 이 선인장의 번식은 폭발적이었다. 1900년 4백만 헥타르(1만제곱미터)에서 1925년 3천만 헥타르가 되었으며, 이는 프랑스 영토의 절반에 해당할 정도이다! 이같은 재앙을 막으려면 어떻게 해야 할까? 그 해법을 찾아낸 것은 바로 곤충학자들이다. 곤충학자들은 오스트레일리아에 선인장나방(Cactoblastis cactorum)이라는 명충나방을 유입시켰는데, 이 나방의 애벌레는 선인장 내부에 살면서 그 안을 서서히 파들어가서는 결국 안을 텅 비워 버림으로써 부패 과정을 가속화하는 박테리아들의 침입을 받게 만든다. 이 명충나방은 아메리카가 원산지인 1백50종의 부채선인장의 모든 특성에 대한 세밀한 연구 끝에 선택되었다. 1928-1930년까지, 3백만 개에 이르는 선인장나방의 알이 유입됐다. 5년 동안, 이 명충나방은 급속도로 번식했고, 오스트레일리아는 무시무시한 부채선인장으로부터 해방되었다.

위에서 환기된 침략자들은 자연 공동체의 파괴 위험을 예시해 준다──여기에서는 풍토성 식물들의 희생을 대가로 번식하는 유입된 종들에 의한 파괴이다. 침략자들은 식물계뿐만 아니라 동물계에서도 같은 방식으로 나타난다. 오스트레일리아에서 나타난 토끼의 침략이 '이방인 경쟁자'의 대표적 사례이다. 이방인 경쟁자가 야기한 이

같은 공포는 아드리아누스 황제가 야만족의 침략을 저지하기 위해 국경을 요새화하던 로마 제국 2세기부터 비롯된다. 이같은 공포는 오늘날에 '이슬람 극단주의'나 극도로 경쟁적인 동북 아시아의 잠재적인 대두에 직면해서도 서구인들의 정신에 배어 있다. 민족적이거나 문화적인 각각의 공동체가 어우러진 미국식 '공동체주의'에 대한 프랑스의 공포도 마찬가지이다. 이는 이민족들이 늘어나 프랑스의 영토에서 그들의 전통에 따라 발전해 가는 것을 보는 것에서 비롯된다. 이에 따라 이민족들을 서둘러 '통합'하려는, 이들을 거푸집에 넣어 뒤섞으려는 공화정의 이상과는 반대되는 측면이 나타난다.

우리 사회의 가장 첨예한 문제가 이미 식물계에서 나타나고 있다는 것은 매우 의미심장하다. 생명 법칙의 보편성에 대한 증언을 포착하면서, 어느 정도는 복잡한 수준에서 그 문제가 고려되어지는 것이다.

13

뉴칼레도니아의 소나무와 종려나무

1774년 9월 28일, 쿡 선장의 세 돛대 범선 레절루션호는 뉴칼레도니아(New Caledonia) 연안 지대를 떠나 남서쪽을 향해 항로를 잡았다. 뉴칼레도니아에서 50킬로미터를 채 못가서 선원들은 수평선 너머로 두터운 '소나무' 숲이 솟아나서 올라오는 것을 보았다. 그 섬은 곧이어 '소나무 섬'이라 명명되었다. 하지만 만약 침엽수들이 특히 고위도 지방, 이를테면 캐나다, 스칸디나비아, 시베리아 같은 곳이나 고도가 높은 곳, 즉 산악 지방의 주인이라면, 열대 기후는 군데군데 몇몇의 드문 표본들과 분명하게 고지대를 제외하고는 침엽수림을 거의 갖지 않는 것으로 알려져 있다. 열대 지방의 해안 지역에서 침염수림을 발견하는 것은, 북극에서 기린을 발견하는 것만큼이나 우스꽝스럽게 보였다. 쿡 선장과 그의 선원들은 자연의 한 가지 변이를 밝혀낸 것으로 생각하였다. 사실은 그들이 소나무로 여겼던 것들은 기둥 형태를 한 남양삼나무(araucarias)였고, 그것의 라틴어 이름은 아로카리아 콜룸나리스(Araucaria columnaris)이다. 멀리서, 가로로 늘어선 남방 연안의 거주 식물들은 우리가 침엽수라고 생각할 만하게 닮아 있었고, 전나무나 가문비나무 속으로 이루어진 숲이 갖는 특징적인 피라미드 모양의 항구는 없었다. 그 나무는 하늘을 향해 우뚝 선 기둥을 닮았다. 이러한 세부 사항을 제외하고는, 쿡 선장이 조금 전에 발견한 것은 침엽수림이 분명하다.

침엽수림은 오늘날 세계 식물군의 빈곤한 부모이다. 지금은 겨우 6백 종류만이 살아 있고, 이 숫자는 2억 5천만 년 전인 주라기 공룡 시대의 2만 여 종에 비하면 초라해 보인다. 그것들 중 대부분은 우리에게 기껏해야 멸종된 종의 무덤인 지구 땅 속 깊은 곳에서 화석의 형태로 발굴되어 나타날 뿐이다.

왜 그토록 대량의 멸종이 일어난 것일까? 우리는 아직도 그 이유를 알지 못한다. 침엽수는 대지각 변동의 피해자인가? 지구상의 다른 모든 동물군과 식물군들과 마찬가지로 침엽수들도 6천5백만 년 전에 있었던 거대한 운석의 낙하로 인한 재해를 겪었음이 분명하다. 그 운석은 공기중에서 튀어 올라 일시에 먼지로 하늘을 어둡게 만들면서 광합성을 축소시켰으므로 많은 수의 식물들과, 동물들까지도 죽음에 이르게 되었던 것이다. 그러나 침엽수의 쇠퇴는 제2기(중생대)말 이후로 계속해서 그치지 않았던 보다 일반적인 현상이다. 그것은 꽃식물들의 강력한 증가라는——오늘날에는 비교할 수 없을 정도의 지배적인——자연적인 결과이기도 하다. 다른 식물과의 나눔 없이 지구의 땅덩어리를 침엽수가 점령하고 있던 시기 이후로 계속해서 침엽수는 그 영토를 양보하는 일을 그치지 않고 있다. 꽃식물들은 오늘날 25만 종에 달한다. 꽃식물이 1백만의 4분의 1인 데 반해 침엽수는 6백에 불과하다. 숫자가 모든 것을 말해 주고 있는 셈이다. 이것은 지구상의 모든 종들이 꼭 인간이 원인이 되어 사라지는 것은 아니란 사실을 증명한다. 비록 인간이 그들 멸종의 과정을 가속화시킬지라도 말이다.

아직 살아 있는 6백 종의 침엽수 중에서 뉴칼레도니아에 사는 침엽
수만 모두 44종이다. 뉴칼레도니아의 면적은 프랑스의 도(道) 3개를
합쳐 놓은 정도이다. 그 44종 중에서, 단 1종만이 지구의 다른 장소
에서도 찾아볼 수 있는 것이고, 나머지 43종은 뉴칼레도니아만의 풍
토성 고유종들이다.

'가장 일반적인' 종은 소철(Cycas)이다. 소철은 매우 특이한 식물로
서, 지구상에 어떤 식물도 아직 번식하지 못했던 매우 오래된 시기
에서부터 살아남은 원시적인 침엽수이다. 소철이 종려나무와 비슷
한 점을 많이 갖고 있음을 알아보는 것은 더 이상 쉬운 일이 아니다.
하지만 1 내지 2미터 정도밖에 안 되는 작은 체구의 종려나무는 우
아하게 떨어지는 잎을 갖고 있으며, 그 잎들의 촉감이 매우 딱딱해
서 마치 묘지를 장식하는 종려나뭇잎이나 플라스틱 월계관을 연상시
킨다. 소철군(群)은 또한 최고 기록을 갖고 있음을 뽐낸다. 즉 세계의
생물 중 가장 큰 정자를 보유하고 있다는 기록인데, 그것은 간혹 꽃
가루 알갱이 속에서 맨눈으로 보일 때도 있다. 이러한 소철과 그 계열
식물들은 오늘날 코트 다쥐르(Côte d'Azur) 연안의 공원과 정원들에
우아하게 서식하고 있으며, 누구나 그것을 쉽게 알아볼 수 있다.

뉴칼레도니아에만 있는 43종의 침엽수들 가운데, 1종은 다른 침엽
수 위에 기생하여 사는 특이한 속성을 보여준다. 그것은 기생삼나무
(Parasitaxus)로, 세계에서 유일하게 기생적인 침엽수이다. 이 기생 식
물은 겨우살이처럼 가지에서 자라는 것이 아니라, 숙주 식물의 뿌리
에 자리를 잡는다. 따라서 이러한 기생 상태를 확고하게 하기 위해서
는 더욱 파들어가야 하는 걸까? 분명 그렇지 않다. 왜냐하면 이 기생
식물은 전적으로 그의 숙주에게만 의지한다는 조건 아래 엽록소 합
성을 포기하였으므로, 더 이상 모든 식물에게 상징적인 초록 색깔을

과시하지 않는다. 그 표피는 불그스름하고, 그것은 침엽수로서는 매우 이례적인 특성이다.

기생삼나무는 극히 찾아보기 드문 반면 그 숙주[1]는 보다 현저하게 많이 분포되어 있다. 이는 기생 상태의 결합이 그같은 삶이 가능할 수도 있는 모든 후보 식물들과 관련된 것이 아님을 의미한다.

실상, 기생체는 숙주를 기다린다. 자기에게 도움을 줄 관대한 동종의 식물을……. 뉴칼레도니아의 침엽수들은 그들에게 도움을 줄 어떤 것을 필요로 한다. 높은 곳으로 올라가기 위해서! 꽃식물과의 경쟁으로 인해 고통받은 침엽수들은 메마른 서식지를 피난처로 삼는다. 예를 들어 산맥의 바람이 심한 정상 부근이나 야외의 니켈 채광지가 있는, 섬이나 그 주변 지대의 특징인 초염기성 토양으로 유명한 곳 말이다. 고도상으로 훨씬 낮은 기온은 대부분의 침엽수들에게 알맞다. 침엽수들은 열대 지방에서조차, 세상에서 가장 오래된 식물로서, 꽃식물과의 경쟁이 덜 심각한 주변적인 서식지에서 스스로를 적응시켜야 한다는 것을 잘 '기억하고' 있다. 이러한 사례는 특히 대부분의 남양삼나무의 경우와 일치하는데, 이 나무는 해부학적 조직에 의해 바람이 강한 곳에서 유리하다. 즉 가늘고 호리호리한 잔가지들이 조그만 손해도 입히지 않은 채 마치 여과기를 통과하는 것처럼 소통되게 해준다.

뉴칼레도니아산 침엽수들의 낙원 중 하나는 프로니(**Prony**) 만(灣)이다. 그곳에서 발견되는 수많은 종류의 식물들은 파충류 시대의 식물군을 상기시킨다. 교목성 고사리들이 거기에서 매우 무성하고, 35미터의 고도까지 올라가듯이, 그 풍경에서 부재하는 것은 더 이상 공

---

1) **Falcatifolium taxoïdes. Podecarpacées.**

룡이 아니다. 그래서 사람들은 왜 영화감독들이 중생대가 전개되는 장면을 필름에 담기 위해 그 장소를 선택하는지를 이해하게 되는 것이다.

뉴칼레도니아산 44종의 침엽수 외에 33종의 종려나무를 추가해야 한다. 여기에도 또한 방대한 풍토성이 군림하고 있는데, 그 중 32종이 이 섬만의 고유종들이다. 마지막 1종만이 세계적인 분포를 보이는데, 그것은 바로 코코넛나무이다. 게다가 이 32종이라는 수치도 또한 매우 잠정적일 뿐이라는 위험성을 갖고 있는데, 계속 새로운 종들을 발견하고 있기 때문이다.

프랑스인 식물학자인 장 크리스토프 팽토는 뉴칼레도니아의 식물학과 환경학에 관한 박사학위 논문을 준비하고 있다. 그는 종려나무 마니아들로 이루어진 모임의 멤버이고, 그들 스스로가 자신을 종려나무 '갈고리파' 혹은 종려나무 '광' 으로 부르고 있다. 1996년 1월, 그는 7백 미터 고도인 능선을 따라 잎을 늘어뜨리고 있는 거대한 종려나무들에 의해 제기된 수수께끼를 풀기에 이르렀다. 그곳은 아래쪽 길에서 보았을 때는 손에 닿을 듯이 보이지만, 실제로는 접근하기 어려운 산등성이로 유명한 곳이었다. 그곳은 1천6백28미터에 달하는 파니에(Panié) 대산괴(大山塊)에 속해 있는 것으로, 뉴칼레도니아의 최고봉인 동시에, 최소 13종류의 각기 다른 종려나무가 서식하는 곳이기도 하다. 팽토는 그의 친구인 장 폴 티볼리에와 함께 정상으로 가는 통로를 가로막고 있는 연속적으로 이어진 절벽들을 넘는 데 성공하였고, 7시간의 등반 결과, 두 사람은 길에서 사람들이 관찰할 수 있었던 종려나무들이 실제로는 지금까지 단순하게 표본으로만 알려져 있었을 뿐, 과학적으로 증명된 적이 없었던 새로운 종류의 종려라는 것을 발견하게 되었다.

그것들은 높이 15 내지 20미터에, 지름 25센티미터의 몸통을 줄기로 가진 거대한 나무들이었다. 잎파리는 아주 많이 구부러진 형태를 하고 있고, 밀랍질 잎 테두리를 연결하는 커다란 대롱은 그 종려나무에 매우 특이한 모양새를 부여하고 있었다.

따라서 모두가 동종으로 여겼던 그 나무들은 완전히 알려지지 않은 종류의 것이었고, 흔하지 않지만 위협받고 있지는 않은 상태였으며, 파니에 산괴의 식물학 보호 지구에 속한 채, 잘 보존된 숲 한가운데 자리잡고 있었다.

다소 위험을 겪은 우리 두 식물학자들의 탐험은 파란만장한 기복을 거친 것에 비해, 재미있는 사고로 장식되었다. 등반 중 가장 위험했던 순간은 처녀림으로 이름난 수풀 속에서 그들이 큰 칼로 길을 트고 있던 중, 더 이상 사용되지 않고, 완전히 녹슨 철길 위로 떨어진 때였다. 곧 조사는 이루어졌고, 그것은 1901-1902년까지 니켈 광산을 위한 구조물이었다. 이런 것이 바로 사람이 가서는 안 되는 곳으로 여겨지는 곳에 발을 들여놓는 위험을 무릅씀으로써 생기는 일이다. 그 철로의 발견은 종려나무의 발견보다도 훨씬 예상 밖의 수확이었다.

과학 분야에서 이 새로운 나무의 역사는 때마침, 자연 속에서 인간에 의하여 사라지는 종들만 있는 것이 아니라, 동시에 새로이 생겨나는 종들도 있다는 것을 알게 해준다. 인간이 새로운 식물을 발견하고, 그것들에 '새로운 종'이라는 위상을 부여한다 하더라도, 그것이 최근에 생겨난 것을 의미하지는 않는다. 단지 그 종의 발견이 최근의 일일 뿐이다. 설혹 그 식물이 우리 눈앞에서 아무런 인간의 개입 없이 실제로 탄생하고 있다 할지라도, 그것은 극히 드문 일이고, 지난 두 세기 동안 유럽에서 단 한 번 관찰된 적이 있을 뿐이다. 그것은 식물학자들의 주의 깊은 관찰 아래, 대서양 연안의 소금기 있는 늪에서 태어난 스파르틴(Spartine)이라는 새로운 종의 출현이었다. 스파르틴은 소금기 있는 진흙탕 위에서 스스로 이삭을 세우는 포아풀과(Graminaceaes)의 식물이다. 20세기초, 영국과 뒤이어 몽-생-미셸(Mont-Saint-Michel)에서 새로운 종이 출현하였는데, 그것은 자연의 힘으로 두 가지 유사종간에 최근에 생겨난 생산적인 변종임에 틀림없음이 밝혀졌다. 그것에 관해서는 다시 다루게 될 것이다.

유사 식물군에 새로운 종이 출현함에 따라, 칼레도니아의 종려나무들은 거의 대부분 저위도와 중위도의 숲에 빽빽이 자리잡고 있으며, 그럼으로써 특징적인 외관을 구축하고 있다. 지리적으로 매우 국한되어 있는 몇몇 종류는 흔하지 않은 종류이긴 하지만, 그렇다고 멸종의 위기에 놓여 있지는 않은데, 예외적으로 그 중 세 종류는 오직 한 지역에만 서식하는 것으로 알려져 있다. 그 세 종류 중, 두 종류는 불안스럽기 짝이 없는 상태에 놓여 있다. 그 중 한 종류[2]는 다 성장한 어른 나무가 다섯 그루밖에 되지 않으며, 그것의 씨앗은 현지에서는 물론, 정원에서도 싹을 틔우지 않는다. 다른 하나[3]는 역사적으로 새로운 전기를 맞이하였다. 그것은 잔네에 의해 1893년에 발견된 후, 얼마 되지 않아 사라져, 멸종된 것으로 생각되었다. 그 종은 프로니 형무소에서 멀지 않은 곳에서 자라고 있었기 때문에, 죄수들이 나무가 멸종하게 된 데 책임이 있는 것으로 사람들은 생각하였다. 그러다가 1977년, J. -C. 르크렌이라는 사냥꾼에 의해 그 종은 다시 발견되었다. 그는 그보다 먼저 몇 년 전에 그 종의 종려를 찾아

---

2) Lavoïxia macrocarpa. Palmacées.
3) Prichardiopsis jeanneneyi. Palmacées.

나섰다가 실패하고, 완전히 멸종된 것으로 결론지은 바 있었던 R. 에이마르에게 이 사실을 알렸다. 종려나무의 미국인 전문 학자인 무어 교수가 뉴칼레도니아에 머무르고 있었고, 그 사실을 확인해 줄 수 있었다. 유일하게 발견된 장소에는 30여 그루의 나무들이 있었고, 그 중 씨를 생산할 수 있는 어른 나무는 단 한 그루밖에 없었다. 그것의 씨앗은 여러 식물 연구소로 보내졌으며, 그 중 하나인 낭시 식물연구소에서 싹을 틔워, 그 결과 프리차디옵시스 잔네이(Prichardiopsis jeanneneyi)가 현재 보호되고 있다.

현재 뉴칼레도니아에 있는 종려나무 종들과 침엽수 종들을 세어 보자면, 총 77종이 되는데, 이로 미루어 볼 때, 이 섬의 숲에는 그 두 가지 종류의 나무들만이 있을 뿐이라는 결론이 나오게 된다. 그것은 틀린 말이 아니다. 풍토성의 종들은 여기저기에 흩어져서 자라나지, 한 곳에 동일한 종들이 모여서 군집을 이루는 법이라곤 없다. 섬 연안에 형성되어 있는 소나무 숲은 예외적인 경우이다. 실상 종류라는 개념과 군집이라는 개념 사이에 구별이 필요하다. 보주(Vosges) 산맥의 독일가문비나무(epicèas) 숲은 간혹 단일 종류로만 이루어져 있는 경우도 있다. 하지만 그것은 밀집되고 동일한 군집을 형성하는 가문비나무속(屬)을 형성하는 수많은 개체라는 형태하에 있는 것이다. 이 단조로운 환경 속에서 수목이 이룬 지층이 갖는 생물 다양성의 정도는 거의 제로에 가깝다. 초목층 또한 별다를 바가 없다. 토양은 헐벗었고, 갈색을 띤 뾰족한 풀들로 덮여 있을 뿐이다. 이끼와 버섯을 제외하면 자라나는 식물의 종류가 거의 적은 이 지역에서 초본 식물들과 덤불 식물들 또한 매우 드물게 찾아볼 수 있을 뿐이다. 상나무말속(屬)은 거의 순수하게 독일가문비나무로만 이루어진 군집을 이루고 있는데, 그 개체 수는 매우 많으나, 종류에 있어서는 극히 빈약하다. 뉴칼레도니아의 침엽수의 분포를 보자면, 그 양상은 정확히 반대이다. 뉴칼레도니아의 침엽수들은 종류가 매우 다양하게 숲 속에 분포되어 있으며, 생물 다양성의 정도도 높다. 하지만 각각의 종류는 매우 한정된 개체 수를 갖고 있다.

이 현상을 보다 잘 이해하기 위해, 이를 대도시의 인구 분포에 비교해 보기로 하자. 그 분석은 매우 놀랄 만한 것이다. 인구 분포 또한, 가문비나무 숲과 마찬가지로 그 다양성은 점점 줄어들고 있는 실정이다.

1960년대의 대규모 주변 지역 개발——너무나도 유명한 ZUP(우선 도시 개발 지구; **Zone à urbaniser en priorité**)——과 1980년대의 슈퍼마켓에 제한된 상업적 외곽 지역의 개발——별로 알려지지 않은 **ZAC**(협동 구획 정리 지구; **Zone d'aménagement concerté**)——은 대규모로 획일적인 도시 경관을 만들어 내었다. 사람들은 이 도시에서 저 도시로 가도 동일한 탑 형태로 쌓아올린 건물이나 빗장 형식의 교외 건축물들을 볼 수 있고, 유혹적으로 반복되는 상업적 간판을 단 대형할인매장들의 금속성 울타리 같은 동일한 조합들을 보게 된다. 그 위로 맥도널드의 상징 문자인 'M' 모양의 조형물이 종탑처럼 우뚝 솟아나 있다. 이것은 놀랄 만한 프랑스의 역설이다. 왜냐하면 세상의 그 어떤 나라도 그들 도시의 건물과 환경을 잘 가꾸기를 원하는 마음이 조금이라도 있다면 이렇게 넓은 면적의 국토를 그 정도로까지 만들지는 않았을 것이다. 또한 사람들은 요란스런 색깔로 된 그 격납고들이 내일의 점거물들이 되지는 않을지 두려워하게 될 것이다. 대규모 단지에 관한 한, 우리는 동유럽 국가들의 경우와 거의 유사한 시행착오를 겪었다. 왜냐하면 공산주의 제국들처럼 형편없는 도시 건설을 한 나라는 세상에 또 없기 때문이다.

다양성을 옹호하는 것은, 활기 있는 구역들과 조화로운 모습을 하고, 우아한 건물들이 즐비하며, 잘 가꾸어진 다양한 모양의 공원을 가진 매혹적인 도시들의 편에 서는 것이다. 또한 그것은 살아 있는 종들의 다양성에 대한 경외심을 옹호하는 것이고, 동물과 식물의 삶이 갖는 특징적인 풍요로움을 옹호하는 것일 뿐만 아니라, 인간 구조의 다양성과 문화와 민족, 그들의 전통과 이질성에 대한 존경을 옹호하는 것도 된다. 수많은 다양성 속에 있는 인류의 평등한 존엄성을 위하는 것…… 그것이 바로 자연과 삶의 법칙이다. 그것이 바로 우리 사회의 법칙이 되어야 하는 것이다. 하지만 이 세기에 우리는, 그 법칙으로 일종의 혼돈을 만들어 냈다.

우리의 비교를 계속 연결시켜 보자면, 교외 지역의 **HLM**(저가 임대 주택; Habitation à loyer modéré)은 가문비나무 숲만큼이나 거슬리는 것임을 이해할 수 있을 것이다. 가문비나무 숲 속의 나무들은 모두가 거의 군대식으로 열을 맞추어 늘어서 있다. 잘 정비되고 보존되어 가치를 지닌 오래된 도시가 훨씬 열기를 띠고, 수많은 종류의 소나무와 종려나무들을 가진 뉴칼레도니아의 풍성한 숲처럼 다양성을 보일 것이다.

하지만 뉴칼레도니아도 역시 일종의 식물성 **HLM**이라 할 수 있는 특유의 편재하는 표준 종의 식물을 갖고 있다. 그것은 연세가 있으신 어른들에게는 잘 알려져 있으며, 그들에게 어린 시절을 불러일으킬 니아울리(niaouli)[4]가 바로 그것이다. 니아울리는 극단적인 정복자 나무이며, 이 섬의 가장 특징적인 나무이다. 섬의 지배적인 식물로서, 니아울리는 '변질된 흰색'을 띤 잎파리 때문에 쉽게 알아볼 수 있으

---

4) Melaleuca quinquinervia. Myrtacées. 도금양과(桃金孃科), 정향과(丁香科).

며, 전 세계적으로도 특이하게 숲 전체를 희끄무레한 회색 톤으로 보이게 만든다. 환경학적으로 극히 유연성을 타고난 이 나무는 강한 염기성 토양만을 제외한다면, 섬의 무공해 지대를 포함하여 거의 모든 지역에 잘 분포되어 있다. 반면 저지대의 습한 토양에서 특히 잘 자라서, 가장 아름답게 자란 나무들은 거의 물 가까이에서 볼 수 있다. 또한 비슷한 류인 유칼립투스처럼, 많은 양의 물을 빨아들이고, 증발시키기도 한다.

우리는 왜 니아울리가 그처럼 넓게 번식하였는지에 대해 의문을 품었다. 사실, 사람이 숲을 불태운 자리에서 가장 먼저 생장을 시작하는 것이 바로 니아울리였기 때문이다. 그 껍질이 일종의 외투 역할을 하여 불로부터 그 나무를 보호하고, 조직들이 수분을 충분히 머금고 있기 때문에 불에 잘 타지 않기 때문이기도 하다. 화재가 있고 난 후, 사람들은 종종 니아울리가 죽었다고 생각하지만, 다음 봄인 10월이 되면 다시 살아나서 빠르게 자라나곤 하였다. 따라서 니아울리는 인공적인 간섭 이후에 생육하는, 사람들이 제2의 식물군이라 이름 붙인 나무의 전형으로 여겨지고 있다.

하지만 니아울리의 특징이 되고 있는 것은, 그것이 탈 때 풍기는 강한 고메놀(호흡기 질환에 쓰이는 방부유) 냄새이다. 니아울리의 주성분인 고메놀은 우리 선조 약제사들에 의해 곧 고메놀유(油)로 만들어졌는데, 그 이유는 고메놀유가 비인두(鼻咽頭) 질환을 앓고 있는 어린이들에게 전통적으로 처방되어 오던 약물이었기 때문이다. 이러한 처방은 오늘날에는 쓰이지 않고 있지만, 이것은 유칼립투스와 고메놀이 병실의 공기를 정화하고, 감기 걸린 아이들의 호흡기를 소독하는 데 쓰였다는 약학의 역사 중 한 시대를 보여주고 있다. 고메놀유는 그 이름이 붙여지게 된 고멘(Gomen)에서 소독을 위해 귀한 에

센셜 오일로만 산발적으로 희석하여 쓰이고는 있지만, 오늘날에 와
서는 하나의 옛 추억이 되었을 뿐이다.

14

사라와크의 불도저

위기에 처한 식물들의 운명은, 부적절한 개발 방식에 의해 스스로 위험에 처해진 인간 공동체의 생활 공간 내에 들어와 있을 때, 더욱 사정없이 우리에게 영향을 미친다.

우리는 이 분야에 있어서 브뤼노 망세르의 첫 작업이 주는 귀중한 증언에 많은 힘을 얻고 있다. 브뤼노는 스위스의 고산 지대에서 10년 동안 목동이자 치즈 제조인으로서 그의 환경학자로서의 분류 작업을 해왔다. 따라서 그는 그의 인생의 여러 해를 열대림의 개발과 지나친 벌목으로 인해 위협받는 원시 지역을 위해 헌신하려는 계획을 갖고 있었다. 그 계획에 따라 그는 아직까지 잘 알려지지 않은 보르네오 섬의 사냥꾼이자 수렵 민족인 페냥족에게로 갔다. 브뤼노는 거기에서 섬의 말레이 연방 부분인 사라와크(Sarawak)의 원시림 한가운데 살고 있는 단순하고 거친 삶을 영위하고 있는 평화로운 한 부족을 발견했다.

하지만 불도저와 절단기, 또 다른 작업장의 엔진에서 울리는 음산한 웅웅거리는 소리는 곧 이곳의 고요와 평화를 깨뜨렸다. 페냥족 사람들은 그들의 숲이 보호되어야 한다는 것을 요구하였고, 브뤼노는

매우 자연스럽게 그들의 자문관이자 지지자가 되었다. 그것은 이방
인으로서는 추방될지도 모르는 위험을 감수하면서 맡아야 하는 어려
운 역할이었다. 어쨌든 그는 페낭 사람들의 메시지를 사라와크의 책
임자들에게 전하기로 수락했다. 모든 일은 사람들이 예상했던 국면
으로 빠르게 치달았다. 브뤼노는 경찰과 군대에 있어서 일종의 공공
의 적 제1호, '물리쳐야 할 사람'이 되었다. 그가 6년 후인 1990년
봄, 보르네오를 비공식적으로 떠났을 때, 그는 열대림의 파괴에 의
해 위협받는 사람들에 대한 정보를 알리는 대규모 캠페인에 몸을 던
졌다.

발전이라는 이름 아래, 산업적인 벌목 작업은 그들이 살고 있던 숲
속 공간인 마지막 유랑민들의 터전까지 박탈하였다. 그들은 불도저
들에 대항하여 인간 울타리를 세우는 것으로 평화적인 응수를 하였
다. 그것만이 불도저의 엔진이 감히 쓸어 버릴 수 없는 것이었기 때
문이었다. 잠시 동안만이라도…….

그가 돌아온 이후로 브뤼노 망세르는 국제적인 규모로 대대적인 켐
페인과 공격적인 행동을 펼쳐 나갔다. 그는 열대림의 유용이 생태학
적이고 인류적인 면에서 사전에 전례 없는 재앙을 야기할 것임을 보
여주었다. 아마존에서는 새로운 땅의 문화 도입을 가능하게 할 목적
으로 만든 불로 인해 숲과 인디언들이 위협을 받았고, 말레이시아에
서는 밀림의 개발이 가장 큰 생태학적 위협을 대표한다. 하지만 그러
한 개발은 대규모로 이루어졌다. 통계가 그것을 말해 주는데, 1976
년에는 4백40만 스테르(장작의 계량 단위. 1입방미터)의 숲이, 1986
년에는 1천3백만이, 1992년에는 1천9백만이 사라졌다. 원시림 개발
산업은 정부 기관과 밀접하게 연관되어 있다. 나라의 주요 관리자들
이 수천 평방미터에 달하는 숲의 소유주이기도 하기 때문이다. 그 숲

들은 끔찍한 지경으로 개발되어졌다. 불도저들은 상업적인 가치가 있는 나무들을 찾아내기 위해 사방에서 숲을 파헤쳤고, 나머지 나무들은 파렴치하게도 거꾸로 뒤엎어졌다. 그러한 '개발'——이 단어는 여기에서 개발자라는 의미보다는 벌목자의 업적이라는 뜻으로 받아들여져야 한다——이후에, 수풀림의 65퍼센트는 벌목되었고, 나머지 뿌리뽑힌 나무들은 그곳에서 크게 벌어진 '빈터'로 남아 있었다. 수풀림을 찾으러 가기 위해서 불도저들의 엔진은 가는 동안 내내 길을 파헤치면서, 커다란 상처가 난 숲을 종횡으로 누비며 다녔다. 정글은 금이 가고, 좀이 슬었으며, 상처 자국으로 뒤덮여 갔다. 기복이 많은 지형이므로 침식 작용은 곧 습한 열대림의 매우 약한 토양의 얇은 껍질을 갉아내기 시작했다. 부식토가 강물로 흘러나왔고, 강물은 진흙탕의 급류로 변하여 식수로도, 물고기들의 생장에도 부적합하게 변하였다. 사냥과 채집으로 숲에 살고 있던 원주민들에게 있어서 그러한 결과들은 분명 비극적인 것이었다. 그들의 땅으로부터 쫓겨 나와, 인디언들은 비참하게도 판자촌의 빈곤으로 내몰렸다.

  사실, 지구상의 다른 모든 열대 우림에서와 마찬가지로 여기서도 개발은 숲의 개발이라기보다는 광산의 개발처럼 파내어 가는 개발로서, 자원을 재생시키는 것 없이 복원시킬 수 없을 정도로 파괴만 하는 유형의 개발인 것이다. 그것은 온대림의 경우에도 마찬가지이다. 시간적인 간격을 두거나, 혹은 묘목의 상태나 성장 시기 등은 전혀 고려하지도 않고 벌목은 마구잡이로 이루어졌다. 따라서 사라와크의 열대림은 브라질과 다른 곳에서처럼 일시에, 영원히 사라졌다. 원주민들은 그들의 저항에 따른 값을 치렀다. 페낭족들의 경우, 그들 중 7백 명에 가까운 사람들이 불도저의 작업을 인간 울타리를 만듦으로써 방해했다는 죄명으로 투옥되었다. 그들의 '생포'(!)는 헬리콥터라는 원군에 힘입어 군대와 경찰력의 완력에 의해 이루어낸 결과였다. 그 원주민들의 운명은 그들이 점유하고 살고 있던 땅에 대해 어떠한 소유권도 제기하지 못한 전 세계 인디언들의 운명과 마찬가지가 되었다. 그것은 우리의 것과 다른 생활 양식과 문화적 가치를 지닌 사람들에 대해 지난 몇 세기 동안 반복적으로 행해진 민족 말살의 도식이다. 산업 사회는 그들을 인정하고, 존경하며, 보호할 줄을 모른다.

이곳에서 식물들에 끼쳐진 실질적인 위협은 즉각적으로 인간들에게 영향을 미쳤다. 인간의 운명과 자연의 운명이 긴밀하게 연관되어 있는 것이 사실인 한, 그것은 어쩔 수 없는 결과이다. 보르네오 섬의 숲이 갖는 최고의 생물다양성(biodiversity)의 수준은 생각지 않는다 하더라도——이곳에서는 1헥타르 내 10조각의 작은 토지에서 7백 개의 생물을 보유하고 있었고, 그 숫자는 미국과 캐나다를 합친 북아메리카를 통튼 수에 맞먹으며, 유럽 전체의 생물 가지 수보다 더 많은 것이었다——, 이곳은 꽃식물의 '문명'의 요람이기도 하다. 꽃식물들은 아마도 1억 년 전에 전 세계 중, 이 지역에서 발생하여 점차 지구 곳곳으로 퍼져 나가게 되었을 것이다. 대체로 페낭족의 문명과 유사한 문명은 오늘날 산업 세계의 범람에 의해 위협받았고, 산업 세계의 상징이란 이곳에서는, 브뤼노가 지적하듯이, "네델란드산 맥주 하이네켄과 황금색 곽에 담긴 영국산 담배 벤슨 앤 헤지스"[1]이다.

파헤쳐진 땅과, 내쫓긴 민족들 앞에서, 과연 누가 잘 알려지지도 않은 식물군의 위협받은 표본들만을 생각할 것인가? 사라와크의 발견된 몇몇 드문 자생지에서 빈약하게 자라는 두 종류의 불행한 종려나무에 대해 과연 누가 기억해 줄 것인가? 그 중 한 종류[2]는 나무의

---

1) Bruno Manser, 《우림의 목소리 Voix de la forêt pluviale》, Éd. Georg, 1994.

줄기를 먹고, 나무를 죽이는 지역 원주민들의 희생자인 동시에 불도 저로 뭉개 버린 벌목꾼들의 희생자이기도 했다. 매우 키가 크고 아 름다운 이 나무는 식물학자들에 의해 열대 도시들의 가로수로 사용 되도록 권유되었다. 하지만 그 자연적인 환경 속에서 이 나무가 살아 남을 수 있을까? 자바 섬 보고르(Bogor) 식물원의 명성이 종려나무 친 구들 모임(Société des Amis des Palmiers)의 도움에 의해 이 종의 씨 앗을 퍼뜨리게 해주었다. 따라서 하나의 나무 종류로서의 생존이 안 정화된 것이다. 이리하여 우리는 앞으로도 계속 20 내지 30미터의 키와 8미터 길이의 잎을 자랑하는 이 카료타(Caryota)를 공원과 식물 원 등에서 우러러볼 수 있게 된 것이다(하지만 이것은 라피아(Raphia) 라는 20미터 길이의 잎을 가진 다른 종류의 종려에 비하면 잎 길이 부 문에서의 기록을 갱신하기에는 턱없이 모자라는 수치이다). 사라와크 에서 위험에 처한 나머지 한 종류의 종려[3]는 특히 벌목 작업에 의해 고통을 받았는데, 그 이유는 불도저들에 의해 생겨난 통로와 임간지 사이에서, 그처럼 개간된 땅 위에 강하게 내리쬐는 태양을 견뎌내지 못하였기 때문이다. 모든 식물은 최초로 자라난 서식지에서는 자기 자리를 지키며 잘 자라는 법이다. 하지만 인간에 의해 남겨진 잔여 물로서의 그 숲에는 더 이상 아무것도 자랄 수가 없었다. 한 식물이 그 종자를 틔우기가 매우 어렵다는 것은, 그 종이 위기에 처해 있다 는 말이 된다. 이 종려는 멸종으로 가는 시작까지 그리 긴 여정이 남 아 있지 않음을 현저하게 확인할 수 있다.

하지만 열대림은 유능한 식물학자들의 부족과 충분치 못한 연구를

---

2) Caryota no. Palmacées.
3) Johannesteiss mannia altifrans. Palmacées.

이유로, 아마도 가장 잘 알려지지 못한 지역일 것이다. 그렇기 때문에 열대림은 위험에 처한 지역들 중 최전방을 차지하고 있으며, 가장 많은 수의 위기에 처한 식물들을 보유하고 있다. 그 중에는 종종 아직 어느 누구도 발견조차 하지 못한 식물들도 있다. 오늘날 인간도 마찬가지로, 적도 부근의 깊숙한 정글림 속 어딘가에 알려지지 않은 미지의 부족을 발견하게 되지는 않을지…?

결론으로서

　생물다양성: 환경을 생각하는 모든 이들의 입에서 맴도는 단어. 다른 이들은 그렇지 못하니 얼마나 불행한 일인가! 1992년 6월 리우 환경개발회의에서 다시 불이 붙은 이 개념은 대단한 성공을 거두었다. 온실, 식물원, 공원, 박물관, 대학 등의 제안으로 전 지구상에서 세계 식물들의 생태에 대한 평가 작업이 시행됐다. 바로 생물다양성 존중이라는 명분 아래서 평가가 이루어진 것이다. 신중하게 식별된 종들은 그것들에 닥친 위협의 정도에 따라 목록으로 만들어지고, 분류됐다. 즉 소멸, 위기, 무방비 상태, 희귀, 위협 없음 등 5개 카테고리로 나누었다.

　그러나 생물다양성의 개념은 일반 여론으로부터는 널리 인식되지 못하고 있다. 그러면서도 오염, 삶의 질, '자연보호' 등과 관련되어질 때는 매우 반향적인 여론을 일으킨다. 이는 자연보호라는 개념의 포기가 전혀 유감스럽지 않다는 것을 보여주는 것은 아니다.

　틀림없이 생물다양성의 개념은 20세기가 내건 새로운 가치, 즉 차이에 대한 인정이란 가치를 환기시킨다. 인간과 마찬가지로 식물간에도 차이가 있기 때문이다. 인류가 문화, 민족, 언어의 다양성을 구현하듯 식물계도 종의 무궁무진한 다양성을 보여준다. 인류에게 있어서처럼, 가장 약한 식물종은 가장 강한 종의 법에 저항하지 못한다. 이와 마찬가지로 소수 민족이 민족 말살의 위협을 받듯이 많은 식물들이 멸종의 위기에 처해 있다.

식물들은 귀머거리의 침묵 속에서 멸종된다. 한 식물종의 임종이나 최후를 알리는 텔레비전 9시 뉴스 앵커를 상상해 볼 수 있을까? 결코 그렇지 못하다. 왜냐하면 종들의 죽음은 상상 밖의 일이며, 비현실의 전형이기 때문이다. 식물들은 어떤 정치 지도자나 기자의 추도사를 받을 기회조차 없다. 이와 반대로 니스(Nice)의 '영국인 산책로(니스 해변가의 중심 거리)'에서 야자수들을 앗아간 회오리는 우리에게 있어 망연자실한 설명이 덧붙여진 이미지들의 격류에 상응한다.

위기에 처한 식물이나 사라진 식물종에 어떠한 추도사도 없듯이, 어떠한 유물도 없다. 어떤 음악가가 이 식물들을 위해 심포니를 작곡하겠는가? 어떤 작가가 이 식물들을 기념해 비가나 선언서를 집필하겠는가? 한 식물종의 죽음은 1분의 묵념도 요구하지 않는다. 이와 비슷한 재앙이 동물계를 엄습하면 더욱더 비극적인 것으로 느껴지리라. 우리는 이를 코끼리, 코뿔소, 새끼 바다표범에게서 목격한 바 있다. 성서가 말하고 있는 것처럼, 불안정한 '생명의 기운'을 타고난 동물들은 인간과 인간의 감수성에 더욱 근접한 것처럼 인식되기 때문이다. 요컨대 동물계를 짓누르는 위협에 대한 정보가 상대적으로 많은 반면, 식물계는 정보가 극히 빈약하다. 극단적인 경우, 한 식물종이 위기에 처할 수 있다는 사실 자체가 엉뚱한 일처럼 보일 수 있다는 것이다.

소멸된 종으로부터 우리에게 남겨지는 것은 잘해야 박물관 식물표본실에 정성스레 배열된 죽은 미라뿐이다. 죽은 식물들의 이 거대한 박물관은 매장되지도 않고, 화장되지도 않은 고인(故人)들이 콘크리트가 겹겹이 쌓여진 칸막이에 놓여 있고, 그 콘크리트 위에 사이프러스의 우울한 그림자가 드리워져 있는 이탈리아의 이상야릇한 영세민 공동묘지를 환기시키에 충분하다. 그럼에도 불구하고, 어떻게 우리의 거대한 국립식물표본실이 불필요하다고 할 수 있겠는가? 어떻게 이 참고 견본 없이 여행자와 파견단이 수확해 온 식물들의 정체성을 확인할 수 있겠는가? 박물관이라는 생물학의 유서 깊은 사원이 없다면 어떻게 위대한 조상들의 연구를 보존할 수 있겠는가?

그러나 전문연구소의 빠른 발전으로 자신의 자생지에서 극단의 위기에 처한 수많은 종들이 정원이나 식물원에서 생존한 채로 보존됐다. 이 식물들은 정원이나 식물원에서 재배되었고, 이 식물들의 후손이 그들의 원산지에 다시 도입될 수 있게 됐다. 위기에 처한 식물들을 위한 많은 휴양 시설이 이렇듯 최근 수년간 빛을 보았고, 이들 시설들은 멸종 위기에 놓인 마지막 생존 식물을 보살피는 데 모든 노력을 경주하고 있다.

수집의 이익과 보존의 이익을 구별하고, 수집가들의 합법적 활동과 세계 전체의 자연 생태 체계를 존중한다는 차원에서 가능한 한, 식물을 원산지에서 보존할 필요성 사이에서 균형을 찾는 것이 바람직하다. 한번 파괴된 생태 체계는 다시 복원될 수 없기 때문이다. 식물원과 정원은 보호와 보존, 원산지로의 재도입 사이에서 요구되는 종합적인 시도를 계속하고 있다.

그러나 어떤 이는 아무짝에도 소용없는, 보다 정확히 말해서는 우리에게 아무 소용없는 식물종들을 보존하려고 왜 그같은 노력을 기울이느냐고 말할 수도 있을 것이다.

여기에서 다양성이라는 자연의 법칙 없이는 생각도 할 수 없는 자연 존속의 문제가 제기되어진다. 궁극에 가서는 50여 식물종만이 존속하게 되리란 것을 상상할 수 있을 것이다. 이는 인간에 의해 사용되는 식물의 90퍼센트에 해당된다. 가령 밀과 감자, 독일가문비나무 숲과 장미와 튤립 등이 이에 해당할 것이다. 잡초가 많으면 많을수록 야생 식물도 많다. 늪이 많으면 많을수록 쉽게 빠지는 법이고, 망그로브나무 숲이 많을수록 길을 잃기 쉬운 법이다. 제비꽃이나 수레국화, 개양귀비, 마로니에가 많을수록, 그것들은 전혀 쓸모가 없어지는 법이니…….

우리는 이같은 사념을 도저히 참을 수 없다. 생명의 비밀스런 공모에는 풍요함과 아름다움의 차원에서 자연과의 인접성 내지는 내밀한 일치가 지속된다. 자연이 우리의 잘못에 의해 잃어버리는 것을 우리 스스로가 매번 잃어버렸던 것처럼 모든 것은 그렇게 사라진다. 그때서야 어떤 생태학적 감수성이 널리 확산돼 '환경'일 뿐만 아니라 우리 생명의 지주대인 이 세계에서 우리를 눈뜨게 한다.

어떤 점에서 우리가 위기에 처한 식물들에 대한 연대 책임이 있는 것일까? 간단하게 말해서 우리는 서로가 살아 움직이는 이 세계에 속해 있다는 점에서 그러하다. 그 세계는 하나이면서 우리의 몸과 마음이 모두 그 속에 뿌리를 박고 있다. 가령 그 세계는 우리의 모든 신경 조직으로 우리를 우리 이웃뿐만 아니라 우리 충실한 개에게, 우리 정원에게, 우리 실내 식물에게 묶어 주고 있는 것이다. 하나의 살아 움직이는 세계는 똑같은 벽돌로 도처에서 세워지는데, 그 벽돌은 DNA, 단백질, 당(糖) 등 분자 덩어리로 되어 있다. 하나의 살아 움직이는 세계는 성장하라, 호흡하라, 섭취하라, 번식하라 등 똑같은 명령법에 복종한다. 또한 하나의 살아 움직이는 세계는 다른 생명체들과 경쟁 및 협력 관계에 놓여진다. 왜냐하면 생명은 하나이면서 그 자손들의 풍성한 다양성 속에 존재하기 때문이다. 마치 물질이 하나이면서 동시에 진자이면서 원자이듯이. 마치 우주가 그것을 구성하는 실체들의 놀라운 팽창 속에서 단 하나이듯이.

그러나 인간은 정신을 함양하는 데 명상을 취할 줄도 모르며, 자신의 감정이나 감성의 활기에만 만족해한다. 인간은 오로지 공감하고 사랑하는 자신의 능력에만 스스로를 맡긴다. 곧 실리의 문제가 인간에게 제기된다. 다음과 같은 유형의 문제와 함께 말이다. 따라서 이 식물은 자연에서, 먹이사슬에서, 그리고 그것이 위치한 생태계에서 어떤 역할을 하는가? 자연의 섬세한 균형 유지에 있어 이 식물의 공헌은 무엇인가? 어떤 동물, 어떤 곤충이 이 식물에 밀접하게 종속되어 있는가? 누가 이 식물의 잎을 영양분으로 섭취하는가? 누가 이 식물에 수분시키는가? 이 식물이 다른 식물 및 미생물과 유지하는 공생 관계나 천적 관계는 어떤 것인가? 모든 살아 있는 생명체를 서로 연결하는 거대한 생태계의 한가운데서 각 종은 자신의 자리를 차지하고 있으며, 인간에게 유용한 종들만 살아남을 때까지 메말라 버린 세계를 상상하기란 불가능하다. 이같은 조건에서 광대한 지구의 생태계는 무엇이 될 것인가? 여전히 '위대한 균형'에 대해 말할 수 있을 것인가? 가령 곤충의 50퍼센트가 가장 다양한 식물들을 영양분으로 섭취한다면, 동물계에 있어서 어떤 결과가 도출될 것인가? 우림, 망그로브나무 숲, 고산 지대 등 야생 식물군에 있어서는 어떤 결과가 도출될까? 기후에 미치는 영향은 어떤 것일까? 우리는 기후가 이 거대한 식물군에 얼마나 좌우되는지 잘 알고 있다. 이 많은 질문에 명백하게 대답하는 것은 여전히 어려운 일이다.

'실리'에 대해 생각할 때, 인간은 자기 자신에 대한 효용을 먼저 생각한다. 그러나 오늘날 멸종 식물들이 진정 인간에 있어 아무짝에도 쓸모없는 것이있을까? 만약 멸종 식물들 중 한 종이 암이나 AIDS에 효력이 있는 성분을 함유하고 있었다면? 만약 다른 한 종이 아직 알려지지 않은 향기를 발산했지만, 너무나 희귀한 까닭에 발견되지 않았다면? 만약 또 다른 한 종이 씨앗에 예외적인 화장품용 기름을 함유하고 있었다면…? 새로운 식물들이 관상용 종으로서 잘 순화될 수 없다면? 약리학적인 높은 효능을 가진 다양한 종들로 유명한 과에 속한 식물들로부터는 어떤 신약을 얻어낼 수 있을까? 또한 새로운 자양분, 새로운 재목, 새로운 섬유가 발견된다면?

요컨대 우리는 아직 광대한 식물계를 구성하는 대다수 식물들에 대해 거의 알지 못한다. 그러나 우리는 알고 있다. 사라지는 각 식물과 함께, 멸종되는 각 종들과 함께 우리가 잃어 가는 것은 바로 식물계의 얼마 남지 않은 잠재성임을. 일부 분자생물학자들은 유전자의 잠재성을 언급하는 것을 잊지 않을 것이다. 이때 이들의 저의는 유전자가 다른 식물들에 주입됨으로써 새로운 특성의 성분을 그 식물들에 부여할 수 있을 것이란 데 있다. 극단적 실리의 개념, 그것에 대해 우리는 훨씬 유보적인 입장에 머물러 있다. 왜냐하면 다양성은 개인성을 존중하며, 종들간의 자연적이고 성적(性的)인 경계를 위반하는 '혼합'에는 관대하지 않기 때문이다. 지금까지 유전자는 동일한 한 종의 개체들간에만 교환되어 왔다. 인접한 종간의 개체들끼리 유전자를 교환하는 경우는 극단적인 사례이다. 인간과 돼지, 개와 담배풀, 장미와 페튜니아(petunia)[1] 분류상 동떨어진 개체들간에는 유전자 교환은 절대로 없다. 그러나 우리는 자연을 대변하는 것으로 여겨지는 이 '유전자 은행'의 메리트를 찬양하지 않게 될 것이다. '은행'을 말하기보다는 세계 인류 유산에 대해 말해 보자. 앞날을 생각

---

1) 위 예시는 의도적으로 선택된 것이다. 이것들은 '유전자변이(transgénisme)'의 사례들이다. 이 사례들에서 한 종의 유전자는 다른 종에 주입되어졌으며, 유전자가 주입된 종은 그 유전자에 의해 제어되는 특성을 부여받았다.

하지 않고 탕진해 버린 그런 유산을. 우리는 그런 유산 보호를 위한 활동에 참여할 수 있고, 싸울 수도 있다. 은행의 보호를 위한 것이 아니라…….

이 ‘식물 이야기’의 끝에서 우리는 형제들에게 이제 인간을 이야기하고자 한다. 식물에 대한 연민으로 말이다. 식물은 우리의 누이가 아닌가! 그러나 우리는 다른 곳에 있다. 하루하루가 불안정함에도 불구하고 일에 매달려서, 확실성에 괴로워하며, 과학적·경제적·사회적 진보에 집착한 채…… 나머지는 모두 잊고 살지 않는가! 우리의 조국, 하늘이 저 멀리 있듯이, 우리의 집, 땅도 저 멀리 있지 않은가! 우리가 자연과의 계약을 파기했는데 자연의 건강이 무슨 소용이란 말인가? 오직 기술적 진보의 정제와 ‘전진’만이 근심스럽지 않은가!

저자는 여기서 교훈 전수자를 자처하는 것을 경계하고자 한다. 인간 공동체와 밀접한 관계에 있는 저자는 자기 몫의 책임을 짊어지고, 그 무게를 느낀다. 자연과 식물의 훌륭한 변호사로서 저자는 형제들에게 다른 시선으로 자연과 식물을 바라보고, 기계·금속의 불도저 같은 것들이나 침묵, 무관심으로 이들을 결코 짓밟지 않도록 주의하라는 것이다. 또한 자연 속에서, 자연을 대상으로 현명하고 조심스럽게, 자연을 채우고 있는 모든 피조물들에게 조금은 애정을 가지고 행동해 달라는 것이다.

사라진 식물들에게, 저자는 이 작은 시를 바친다.

그 뒝벌은 또 한번 그것들의 향기를 들이마시려 하지만 헛되도다.

이제 혼자 남은 저 나비는 무엇을 생각하나?

처량한 모습을 한 저 각다귀는?

암소는 여전히 울타리 없는 목장의 풀을 뜯고 있다. 하지만 뭐가 남아 있는가?

풀은 그 초록빛 매운 맛이 아직 있을까? 결국 자신의 궁전에서 맛을 잃어버린 것인가?

불쌍한 죽은 꽃들은 영원히 사라졌나니! 우리들의 기억 속에 더 이상 아무 흔적도 없구나. 우리들의 마음속에도 더 이상의 자리도 없다. 꽃들은 사라졌다.

겸손하고, 거드름 피우지 않으며, 수수하고 얌전하여, 우리는 그들이 있음을 의심조차 하지 않았다. 그러나 꽃들은 사라졌다.

풍성하고 근사하여, 우리는 그들을 너무 사랑하였고, 그래서 죽여 버렸다. 꽃들은 사라졌다.

꽃들은 신의 작품이었고, 보존하고, 보호하고, 가꾸어야 할 유산이었다. 우리는 그것을 탕진하였고, 꽃들은 사라졌다.

꽃들과 함께, 우리 살의 일부분이 우리 몸에서 떨어져 나갔다. 우리는 그것들을 다시 보지 못할 것이다. 꽃들은 사라졌다.

참고 문헌

1. 인터넷 횡단

BOURDU Robert et VIARD Michel, *Arbres souverains*, Éd. du May, 1988.

2. 세계 최장수 나무

BOURDU Robert, 1987, 《Au pays des arbres phénomènes》, *Terre sauvage*, n° 5(mars), pp.34-45.

JOHNSON Russ and Anne, *The Ancient Bristlecone Pine Forest, Aspects of Research by C. W. Ferguson*, Ed. Chalfant Press, Inc., Bishop, Californie, 1978.

3. 크레오소트 관목 혹은 기록의 깨짐

VASEK Franck C., 1980, 《Creosote Bush: long-lived Clones in the Mojave Desert》 *American Journal of Botany*, 67(2), pp. 246-255.

4. 떡갈나무와 산사나무

BOURDU Robert, 1996, 《Le chêne de Bonheur》, *Hommes et Plantes*, n° 16 (hiver), pp.2-3.

《La Forêt》 juillet-août 1995, *Sciences & Avenir*, hors série, n° 102.

5. 사막의 사이프러스

AUGE Pierre et DUCATILLION Catherine, *Cultivation on the French Mediterranean Coast*(the Côte d'Azur) *of Rare or Threatened Tropical or Sub-Tropical Trees, Two Examples: Jubaea Chilensis and Cupressus Dupreziana*, Tropical Botanic Gardens: their role in conservation and development, HEYWOOD V. H. & WYSE JACKSON P. S. (eds.), pp.151-162, Academic Press, London, 1991.

BARRY J. P. et coll., 1970, 《Essai de monographie du Cupressus dupreziana》, A. Camus; Cyprès endémique du Tassili des Ajjer(Sahara Central, *Bulletin de la Société d'Histoire naturelle d'Afrique du Nord*, 61(1-2), 95-178.

DOBRY J., 1988, 《Cupressus Dupreziana. Expedition Tarout'81, Reintroduction Project》, *Threatened Plants Newsletter*, 20:8.

DOBRY J. and KYNCL J., 1989, 《Cupressus dupreziana, an endangered coniferous tree of the Central Sahara》, *Lesnictvi*, 35(4), pp.371-384.

6. '이베리스'와 제비꽃

DUVIGNEAUD J. et coll., 1970, 《La Végétation des éboulis de Pagny-la-Blanche-Côte(Meuse, France)》, *Vegetatio Acta Geobotanica, Separatum* vol. XX, 18-III, fasc. 1-4.

KOOPOWITZ H. and KAYE H., *Plants Extinction, a Global Crisis*, Stone Wall Press, Inc.

Washington, USA, 1983.

LEESTMANS R., 1984, 《Importance biogéographique du site de Pagny-la-Blanche-Côte(Meuse, France)》, *Linneana Belgica*, Paris IX, n° 7, Sept.

7. 튤립의 전설

DANTON Philippe et BAFFRAY Michel, *Inventaire des plantes protégées en France*, Éd. Nathan et A. F. C. E. V., Paris., 1995.

《Faune et Flore, protection de la nature》, *Journal officiel de la République française*, édition de novembre 1994, n° 1454-I, Direction des Journaux officiels, Paris, Fr.

Livre rouge de la Flore menacée de France, tome 1: *Espèces prioritaires*, ouvrage collectif édité par le Museum national d'histoire naturelle, l'Institut d'Écologie et de Gestion de la Biodiversité, Service du Patrimoine naturel, Ministère de l'Environnement, Paris, 1995.

8. 신들의 양식에서 악마의 발톱으로

ASTRED Marie-Christiane, 1990, 《*Harpagophytum procumbens*, famille des Pedalicaceae》, *Bio Ordonnance*, n° 1.

BEQUETTE France, 1977, 《Des plantes et des hommes》, *Le Courrier de l'UNESCO*, (janvier), pp.42-44.

ERARD Isabelle, 1992, 《Le Silphium, fortune de Cyrène》, *La Garance voyageuse*,

Revue du monde végétal, n° 17(printemps), pp.2-4.

Lanhers M. -C., Fleurentin J. and coll., 1997, *Analytical study anti-inflammatiry and analgesic effects of Harpagophytum procumbens and Harpagophytum zeyheri*, Planta Medica, (sous presse).

⟪La Garance voyageuse⟫, *Revue du monde végétal*, (été 1994), n° 26 ⟪Le Prunier africain⟫.

Van Haelen M. et coll., 1983, *Aspects botaniques, Constitution chimique et activité pharmacologique d'*Harpagophytum procumbens, Phytotherapy, n° 5, pp.7-13.

9. 세인트헬레나, 세계 극단의 섬

The Endemic Flora of St. Helena, A Struggle for Survival, ouvrage collectif, The Department of Agriculture and Forestry and The Department of Education of the Government of St-Heiena, Michael D. Holland Editor, 1986.

Duplaquet L., 1969, *Île de Sainte-Hélène, Évolution biologique et agronomique*, Revue forestière française, Tome XXI, 7, pp 685-691.

Kauffmann Jean-Paul, 1994, ⟪Sainte-Hélène⟫, *GEO*, n° 186(août), pp.30-34.

10. 마다가스카르에 밤은 오고

Baillon M. H., 1895, ⟪Les Didierea de Madagascar⟫, *Bulletin du Muséum d'histoire naturelle de Paris*, n° 1, pp.22-24.

Choux M. P., 1929, ⟪Les Didiéréacées, xérophytes de Madagascar⟫, *Comptes rendus hebdomadaires des séances de l'Académie des Sciences*, tome 188, Paris, pp.1619-1621.

Desmonts Annick, *Madagascar*, Éd. Olizane, Genève, Suisse, 1995.

Dixon Roger, 1995, ⟪The Didiereaceae of Southern Madagascar⟫, *Aloe* 32, n° 3, 4, pp.72-23.

Henry-Chartier Corrine et Henry Philippe, 1994, ⟪Entre Onilahy et Mandrare, 1500km à travers la végétation du sud de Madagascar⟫, *Botanique lorraine*, n° 2, pp.15-18.

Jolly Alison, 1990, ⟪Madagascar, l'île à la dérive⟫, *Sciences & Nature*, n° 3(été), pp.38-55.

Key Environments Madagascar, ouvrage collectif, I.U.C.N., Pergamon Press,

1984.

Madagascar, un sanctuaire de la nature, ouvrage collectof, Philippe OBERLÉ Éditeur, diffusion Lechevalier Paris, 1981.

PRESTON-MAFHAM Ken, *Madagascar, a natural History*, Facts on File Ed., Oxford, U. K., 1991.

11. 세이셸 제도엔 야자수가 있네

DOMINIK Michel, 1988, 《Seychelles, un drôle de Coco》, *Terre sauvage*, n° 14(janvier), pp.29-37.

FRIEDEL Michael, 1992, 《Seychelles, un fragment d'Eden dans l'océan Indien》, *Terre sauvage*, n° 59(février), pp.56-67.

FRIEDMANN Francis, *Fleurs et arbres des Seychelles*, édité par l'ORSTOM et le Département des finances des Seychelles, 1986.

12. 침략자들에 위협받는 레위니옹

BALOUET J. -C. et ALIBERT E., *Le Grand Livre des espèses disparues*, Éditions Ouest-France, 1989.

CADET Th., *Planter rares ou remarquable des Mascareignes*, Agence de coopération culturelle et technique, Paris, 1984.

L'Ile de la Réunion par ses plantes, Conservatoire botanique de Mascarin, Éd. Solar, 1992.

13. 뉴칼레도니아의 소나무와 종려나무

CHERRIER J.-F., *Les Gymnospermes de Nouvelle-Calédonie*, août 1980.

CHERRIER J. -F., *Le Niaouli en Nouvelle-Calédonie*, août 1980.

JAFFRE T. ET VEILLON J.-M., 1988, *Morphologie, Distribution et Écologie des Palmiers de Nouvelle-Calédonie*, Rapports scientifiques et techniques 《Sciences de la Vie》, *Botanique*, n° 2, Éd. ORSTOM, Centre de Nouméa.

MOORE Harold E. Jr. and UHL Nathalie W., 1984, *The indigenous Palms of New Caledonia*, Alertonia vol. 3, n° 5(septembre), by Pacific Tropical Botanical Garden, pp.317-320.

PINTAUD JEAN-Christophe, 1996, 《Découverte d'un palmier inconnu》, *Le*

Palmier, n° 14(juillet), *Journal des ⟨Fous de palmiers⟩*, Hyères, Fr., pp.8–11.

14. 사라와크의 불도저

MANSER Bruno, *Voix de la forêt piuviale*, Georg Editeur ⟨Terra Magna⟩, Genève, 1994.

MANSER Bruno et GRAF Roger, 1995, ⟨Protéger les Pénans et leur forêt⟩, *Combat Nature*, n° 111(novembre), pp.51–54.

⟨The I.U.C.N. Plant Red Data Book⟩, *IUCN Publications*, Gland, Suisse, 1980.

⟨Peuples des forêts tropicales⟩, *PANDA*(WWF), 1982, n° III.

이충건
사브와대 현대문학과 3년 수료
한남대 불문과, 한국외국어대 대학원 불어과를 졸업
동대학원 박사 과정 수료
대전대 문예창작과 강사
《대전매일》 정치부, 문화부, 경제부, 사회부 기자 역임
현재 《뉴시스 대전》 기자

문예신서
268

위기의 식물

초판발행 : 2006년 4월 15일

東文選
제10-64호, 78. 12. 16 등록
110-300 서울 종로구 관훈동 74번지
전화 : 737-2795

ISBN 89-8038-490-4 94480
ISBN 89-8038-000-3(세트 : 문예신서)

41 흙과 재 〔소설〕

8	문예미학	蔡 儀 / 姜慶鎬	절판
9	神의 起源	何 新 / 洪 熹	16,000원
10	중국예술정신	徐復觀 / 權德周 外	24,000원
11	中國古代書史	錢存訓 / 金允子	14,000원
12	이미지 — 시각과 미디어	J. 버거 / 편집부	15,000원
13	연극의 역사	P. 하트놀 / 沈雨晟	절판
14	詩 論	朱光潛 / 鄭相泓	22,000원
15	탄트라	A. 무케르지 / 金龜山	16,000원
16	조선민족무용기본	최승희	15,000원
17	몽고문화사	D. 마이달 / 金龜山	8,000원
18	신화 미술 제사	張光直 / 李 徹	절판
19	아시아 무용의 인류학	宮尾慈良 / 沈雨晟	20,000원
20	아시아 민족음악순례	藤井知昭 / 沈雨晟	5,000원
21	華夏美學	李澤厚 / 權 瑚	20,000원
22	道	張立文 / 權 瑚	18,000원
23	朝鮮의 占卜과 豫言	村山智順 / 金禧慶	28,000원
24	원시미술	L. 아담 / 金仁煥	16,000원
25	朝鮮民俗誌	秋葉隆 / 沈雨晟	12,000원
26	神話의 이미지	J. 캠벨 / 扈承喜	근간
27	原始佛敎	中村元 / 鄭泰爀	8,000원
28	朝鮮女俗考	李能和 / 金尙憶	24,000원
29	朝鮮解語花史(조선기생사)	李能和 / 李在崑	25,000원
30	조선창극사	鄭魯湜	17,000원
31	동양회화미학	崔炳植	18,000원
32	性과 결혼의 민족학	和田正平 / 沈雨晟	9,000원
33	農漁俗談辭典	宋在璇	12,000원
34	朝鮮의 鬼神	村山智順 / 金禧慶	12,000원
35	道敎와 中國文化	葛兆光 / 沈揆昊	15,000원
36	禪宗과 中國文化	葛兆光 / 鄭相泓・任炳權	8,000원
37	오페라의 역사	L. 오레이 / 류연희	절판
38	인도종교미술	A. 무케르지 / 崔炳植	14,000원
39	힌두교의 그림언어	안넬리제 外 / 全在星	9,000원
40	중국고대사회	許進雄 / 洪 熹	30,000원
41	중국문화개론	李宗桂 / 李宰碩	23,000원
42	龍鳳文化源流	王大有 / 林東錫	25,000원
43	甲骨學通論	王宇信 / 李宰碩	40,000원
44	朝鮮巫俗考	李能和 / 李在崑	20,000원
45	미술과 페미니즘	N. 부루드 外 / 扈承喜	9,000원
46	아프리카미술	P. 윌레뜨 / 崔炳植	절판
47	美의 歷程	李澤厚 / 尹壽榮	28,000원
48	曼茶羅의 神들	立川武藏 / 金龜山	19,000원
49	朝鮮歲時記	洪錫謨 外/李錫浩	30,000원

50 하 상	蘇曉康 外 / 洪 熹	절판
51 武藝圖譜通志 實技解題	正 祖 / 沈雨晟·金光錫	15,000원
52 古文字學첫걸음	李學勤 / 河永三	14,000원
53 體育美學	胡小明 / 閔永淑	18,000원
54 아시아 美術의 再發見	崔炳植	9,000원
55 曆과 占의 科學	永田久 / 沈雨晟	8,000원
56 中國小學史	胡奇光 / 李宰碩	20,000원
57 中國甲骨學史	吳浩坤 外 / 梁東淑	35,000원
58 꿈의 철학	劉文英 / 河永三	22,000원
59 女神들의 인도	立川武藏 / 金龜山	19,000원
60 性의 역사	J. L. 플랑드렝 / 편집부	18,000원
61 쉬르섹슈얼리티	W. 챠드윅 / 편집부	10,000원
62 여성속담사전	宋在璇	18,000원
63 박재서희곡선	朴栽緒	10,000원
64 東北民族源流	孫進己 / 林東錫	13,000원
65 朝鮮巫俗의 硏究(상·하)	赤松智城·秋葉隆 / 沈雨晟	28,000원
66 中國文學 속의 孤獨感	斯波六郎 / 尹壽榮	8,000원
67 한국사회주의 연극운동사	李康列	8,000원
68 스포츠인류학	K. 블랑챠드 外 / 박기동 外	12,000원
69 리조복식도감	리팔찬	20,000원
70 娼 婦	A. 꼬르벵 / 李宗旼	22,000원
71 조선민요연구	高晶玉	30,000원
72 楚文化史	張正明 / 南宗鎭	26,000원
73 시간, 욕망, 그리고 공포	A. 코르뱅 / 변기찬	18,000원
74 本國劍	金光錫	40,000원
75 노트와 반노트	E. 이오네스코 / 박형섭	20,000원
76 朝鮮美術史硏究	尹喜淳	7,000원
77 拳法要訣	金光錫	30,000원
78 艸衣選集	艸衣意恂 / 林鍾旭	20,000원
79 漢語音韻學講義	董少文 / 林東錫	10,000원
80 이오네스코 연극미학	C. 위베르 / 박형섭	9,000원
81 중국문자훈고학사전	全廣鎭 편역	23,000원
82 상말속담사전	宋在璇	10,000원
83 書法論叢	沈尹默 / 郭魯鳳	16,000원
84 침실의 문화사	P. 디비 / 편집부	9,000원
85 禮의 精神	柳 肅 / 洪 熹	20,000원
86 조선공예개관	沈雨晟 편역	30,000원
87 性愛의 社會史	J. 솔레 / 李宗旼	18,000원
88 러시아미술사	A. I 조토프 / 이건수	22,000원
89 中國書藝論文選	郭魯鳳 選譯	25,000원
90 朝鮮美術史	關野貞 / 沈雨晟	30,000원
91 美術版 탄트라	P. 로슨 / 편집부	8,000원

92	군달리니	A. 무케르지 / 편집부	9,000원
93	카마수트라	바짜야나 / 鄭泰爀	18,000원
94	중국언어학총론	J. 노먼 / 全廣鎭	28,000원
95	運氣學說	任應秋 / 李宰碩	15,000원
96	동물속담사전	宋在璇	20,000원
97	자본주의의 아비투스	P. 부르디외 / 최종철	10,000원
98	宗敎學入門	F. 막스 뮐러 / 金龜山	10,000원
99	변 화	P. 바츨라빅크 外 / 박인철	10,000원
100	우리나라 민속놀이	沈雨晟	15,000원
101	歌訣(중국역대명언경구집)	李宰碩 편역	20,000원
102	아니마와 아니무스	A. 융 / 박해순	8,000원
103	나, 너, 우리	L. 이리가라이 / 박정오	12,000원
104	베케트연극론	M. 푸크레 / 박형섭	8,000원
105	포르노그래피	A. 드워킨 / 유혜련	12,000원
106	셸 링	M. 하이데거 / 최상욱	12,000원
107	프랑수아 비용	宋 勉	18,000원
108	중국서예 80제	郭魯鳳 편역	16,000원
109	性과 미디어	W. B. 키 / 박해순	12,000원
110	中國正史朝鮮列國傳(전2권)	金聲九 편역	120,000원
111	질병의 기원	T. 매큐언 / 서 일 · 박종연	12,000원
112	과학과 젠더	E. F. 켈러 / 민경숙 · 이현주	10,000원
113	물질문명 · 경제 · 자본주의	F. 브로델 / 이문숙 外	절판
114	이탈리아인 태고의 지혜	G. 비코 / 李源斗	8,000원
115	中國武俠史	陳 山 / 姜鳳求	18,000원
116	공포의 권력	J. 크리스테바 / 서민원	23,000원
117	주색잡기속담사전	宋在璇	15,000원
118	죽음 앞에 선 인간(상 · 하)	P. 아리에스 / 劉仙子	각권 8,000원
119	철학에 대하여	L. 알튀세르 / 서관모 · 백승욱	12,000원
120	다른 곳	J. 데리다 / 김다은 · 이혜지	10,000원
121	문학비평방법론	D. 베르제 外 / 민혜숙	12,000원
122	자기의 테크놀로지	M. 푸코 / 이희원	16,000원
123	새로운 학문	G. 비코 / 李源斗	22,000원
124	천재와 광기	P. 브르노 / 김웅권	13,000원
125	중국은사문화	馬 華 · 陳正宏 / 강경범 · 천현경	12,000원
126	푸코와 페미니즘	C. 라마자노글루 外 / 최 영 外	16,000원
127	역사주의	P. 해밀턴 / 임옥희	12,000원
128	中國書藝美學	宋民 / 郭魯鳳	16,000원
129	죽음의 역사	P. 아리에스 / 이종민	18,000원
130	돈속담사전	宋在璇 편	15,000원
131	동양극장과 연극인들	김영무	15,000원
132	生育神과 性巫術	宋兆麟 / 洪 熹	20,000원
133	미학의 핵심	M. M. 이턴 / 유호전	20,000원

동문선

《얀 이야기》 ⓒ 2000 JUN MACHIDA

134 전사와 농민	J. 뒤비 / 최생열	18,000원
135 여성의 상태	N. 에니크 / 서민원	22,000원
136 중세의 지식인들	J. 르 고프 / 최애리	18,000원
137 구조주의의 역사(전4권)	F. 도스 / 김웅권 外　Ⅰ·Ⅱ·Ⅳ 15,000원 / Ⅲ	18,000원
138 글쓰기의 문제해결전략	L. 플라워 / 원진숙·황정현	20,000원
139 음식속담사전	宋在璇 편	16,000원
140 고전수필개론	權 瑚	16,000원
141 예술의 규칙	P. 부르디외 / 하태환	23,000원
142 "사회를 보호해야 한다"	M. 푸코 / 박정자	20,000원
143 페미니즘사전	L. 터틀 / 호승희·유혜련	26,000원
144 여성심벌사전	B. G. 워커 / 정소영	근간
145 모데르니테 모데르니테	H. 메쇼닉 / 김다은	20,000원
146 눈물의 역사	A. 벵상뷔포 / 이자경	18,000원
147 모더니티입문	H. 르페브르 / 이종민	24,000원
148 재생산	P. 부르디외 / 이상호	23,000원
149 종교철학의 핵심	W. J. 웨인라이트 / 김희수	18,000원
150 기호와 몽상	A. 시몽 / 박형섭	22,000원
151 융분석비평사전	A. 새뮤얼 外 / 민혜숙	16,000원
152 운보 김기창 예술론연구	최병식	14,000원
153 시적 언어의 혁명	J. 크리스테바 / 김인환	20,000원
154 예술의 위기	Y. 미쇼 / 하태환	15,000원
155 프랑스사회사	G. 뒤프 / 박 단	16,000원
156 중국문예심리학사	劉偉林 / 沈揆昊	30,000원
157 무지카 프라티카	M. 캐넌 / 김혜중	25,000원
158 불교산책	鄭泰爀	20,000원
159 인간과 죽음	E. 모랭 / 김명숙	23,000원
160 地中海	F. 브로델 / 李宗旼	근간
161 漢語文字學史	黃德實·陳秉新 / 河永三	24,000원
162 글쓰기와 차이	J. 데리다 / 남수인	28,000원
163 朝鮮神事誌	李能和 / 李在崑	근간
164 영국제국주의	S. C. 스미스 / 이태숙·김종원	16,000원
165 영화서술학	A. 고드로·F. 조스트 / 송지연	17,000원
166 美學辭典	사사키 겡이치 / 민주식	22,000원
167 하나이지 않은 성	L. 이리가라이 / 이은민	18,000원
168 中國歷代書論	郭魯鳳 譯註	25,000원
169 요가수트라	鄭泰爀	15,000원
170 비정상인들	M. 푸코 / 박정자	25,000원
171 미친 진실	J. 크리스테바 外 / 서민원	25,000원
172 디스탱숑	P. 부르디외 / 이종민	근간
173 세계의 비참(전3권)	P. 부르디외 外 / 김주경	각권 26,000원
174 수묵의 사상과 역사	崔炳植	근간
175 파스칼적 명상	P. 부르디외 / 김웅권	22,000원

176	지방의 계몽주의	D. 로슈 / 주명철	30,000원
177	이혼의 역사	R. 필립스 / 박범수	25,000원
178	사랑의 단상	R. 바르트 / 김희영	20,000원
179	中國書藝理論體系	熊秉明 / 郭魯鳳	23,000원
180	미술시장과 경영	崔炳植	16,000원
181	카프카―소수적인 문학을 위하여	G. 들뢰즈·F. 가타리 / 이진경	18,000원
182	이미지의 힘―영상과 섹슈얼리티	A. 쿤 / 이형식	13,000원
183	공간의 시학	G. 바슐라르 / 곽광수	23,000원
184	랑데부―이미지와의 만남	J. 버거 / 임옥희·이은경	18,000원
185	푸코와 문학―글쓰기의 계보학을 향하여	S. 듀링 / 오경심·홍유미	26,000원
186	각색, 연극에서 영화로	A. 엘보 / 이선형	16,000원
187	폭력과 여성들	C. 도펭 外 / 이은민	18,000원
188	하드 바디―할리우드 영화에 나타난 남성성	S. 제퍼드 / 이형식	18,000원
189	영화의 환상성	J. -L. 뢰트라 / 김경온·오일환	18,000원
190	번역과 제국	D. 로빈슨 / 정혜욱	16,000원
191	그라마톨로지에 대하여	J. 데리다 / 김웅권	35,000원
192	보건 유토피아	R. 브로만 外 / 서민원	20,000원
193	현대의 신화	R. 바르트 / 이화여대기호학연구소	20,000원
194	회화백문백답	湯兆基 / 郭魯鳳	20,000원
195	고서화감정개론	徐邦達 / 郭魯鳳	30,000원
196	상상의 박물관	A. 말로 / 김웅권	26,000원
197	부빈의 일요일	J. 뒤비 / 최생열	22,000원
198	아인슈타인의 최대 실수	D. 골드스미스 / 박범수	16,000원
199	유인원, 사이보그, 그리고 여자	D. 해러웨이 / 민경숙	25,000원
200	공동 생활 속의 개인주의	F. 드 생글리 / 최은영	20,000원
201	기식자	M. 세르 / 김웅권	24,000원
202	연극미학―플라톤에서 브레히트까지의 텍스트들	J. 셰레 外 / 홍지화	24,000원
203	철학자들의 신	W. 바이셰델 / 최상욱	34,000원
204	고대 세계의 정치	모제스 I. 핀레이 / 최생열	16,000원
205	프란츠 카프카의 고독	M. 로베르 / 이창실	18,000원
206	문화 학습―실천적 입문서	J. 자일스·T. 미들턴 / 장성희	24,000원
207	호모 아카데미쿠스	P. 부르디외 / 임기대	29,000원
208	朝鮮槍棒教程	金光錫	40,000원
209	자유의 순간	P. M. 코헨 / 최하영	16,000원
210	밀교의 세계	鄭泰爀	16,000원
211	토탈 스크린	J. 보드리야르 / 배영달	19,000원
212	영화와 문학의 서술학	F. 바누아 / 송지연	22,000원
213	텍스트의 즐거움	R. 바르트 / 김희영	15,000원
214	영화의 직업들	B. 라트롱슈 / 김경온·오일환	16,000원
215	소설과 신화	이용주	15,000원
216	문화와 계급―부르디외와 한국 사회	홍성민 外	18,000원
217	작은 사건들	R. 바르트 / 김주경	14,000원

218 연극분석입문　　　　　　　J. -P. 링가르 / 박형섭　　　　　18,000원
219 푸코　　　　　　　　　　　G. 들뢰즈 / 허 경　　　　　　17,000원
220 우리나라 도자기와 가마터　宋在璇　　　　　　　　　　　30,000원
221 보이는 것과 보이지 않는 것　M. 퐁티 / 남수인·최의영　　30,000원
222 메두사의 웃음/출구　　　　　H. 식수 / 박혜영　　　　　　19,000원
223 담화 속의 논증　　　　　　　R. 아모시 / 장인봉　　　　　20,000원
224 포켓의 형태　　　　　　　　J. 버거 / 이영주　　　　　　16,000원
225 이미지심벌사전　　　　　　　A. 드 브리스 / 이원두　　　　근간
226 이데올로기　　　　　　　　　D. 호크스 / 고길환　　　　　16,000원
227 영화의 이론　　　　　　　　B. 발라즈 / 이형식　　　　　20,000원
228 건축과 철학　　　　　　　　J. 보드리야르·J. 누벨 / 배영달　16,000원
229 폴 리쾨르―삶의 의미들　　　F. 도스 / 이봉지 外　　　　　38,000원
230 서양철학사　　　　　　　　　A. 케니 / 이영주　　　　　　29,000원
231 근대성과 육체의 정치학　　　D. 르 브르통 / 홍성민　　　　20,000원
232 허난설헌　　　　　　　　　　金成南　　　　　　　　　　　16,000원
233 인터넷 철학　　　　　　　　G. 그레이엄 / 이영주　　　　　15,000원
234 사회학의 문제들　　　　　　　P. 부르디외 / 신미경　　　　23,000원
235 의학적 추론　　　　　　　　A. 시쿠렐 / 서민원　　　　　20,000원
236 튜링―인공지능 창시자　　　　J. 라세구 / 임기대　　　　　16,000원
237 이성의 역사　　　　　　　　F. 샤틀레 / 심세광　　　　　16,000원
238 朝鮮演劇史　　　　　　　　　金在喆　　　　　　　　　　　22,000원
239 미학이란 무엇인가　　　　　　M. 지므네즈 / 김웅권　　　　23,000원
240 古文字類編　　　　　　　　　高 明　　　　　　　　　　　40,000원
241 부르디외 사회학 이론　　　　　L. 핀토 / 김용숙·김은희　　20,000원
242 문학은 무슨 생각을 하는가?　P. 마슈레 / 서민원　　　　　23,000원
243 행복해지기 위해 무엇을 배워야 하는가?　A. 우지오 外 / 김교신　18,000원
244 영화와 회화: 탈배치　　　　　P. 보니체 / 홍지화　　　　　18,000원
245 영화 학습―실천적 지표들　　F. 바누아 外 / 문신원　　　　16,000원
246 회화 학습―실천적 지표들　　F. 기블레 / 고수현　　　　　근간
247 영화미학　　　　　　　　　　J. 오몽 外 / 이용주　　　　　24,000원
248 시―형식과 기능　　　　　　　J. L. 주베르 / 김경온　　　　근간
249 우리나라 옹기　　　　　　　　宋在璇　　　　　　　　　　　40,000원
250 검은 태양　　　　　　　　　　J. 크리스테바 / 김인환　　　27,000원
251 어떻게 더불어 살 것인가　　　R. 바르트 / 김웅권　　　　　28,000원
252 일반 교양 강좌　　　　　　　E. 코바 / 송대영　　　　　　23,000원
253 나무의 철학　　　　　　　　R. 뒤마 / 송형석　　　　　　29,000원
254 영화에 대하여―에이리언과 영화철학　S. 멀할 / 이영주　　　18,000원
255 문학에 대하여―행동하는 지성 H. 밀러 / 최은주　　　　　16,000원
256 미학 연습―플라톤에서 에코까지　임우영 外 편역　　　　　18,000원
257 조희룡 평전　　　　　　　　　김영회 外　　　　　　　　　18,000원
258 역사철학　　　　　　　　　　F. 도스 / 최생열　　　　　　23,000원
259 철학자들의 동물원　　　　　　A. L. 브라 쇼파르 / 문신원　22,000원

【기 타】

▨ 說　苑 (上·下)	林東錫 譯註	각권 30,000원
▨ 晏子春秋	林東錫 譯註	30,000원
▨ 西京雜記	林東錫 譯註	20,000원
▨ 搜神記 (上·下)	林東錫 譯註	각권 30,000원
■ 경제적 공포〔메디치賞 수상작〕	V. 포레스테 / 김주경	7,000원
■ 古陶文字徵	高 明·葛英會	20,000원
■ 그리하여 어느날 사랑이여	이외수 편	4,000원
■ 너무한 당신, 노무현	현택수 칼럼집	9,000원
■ 노력을 대신하는 것은 없다	R. 쉬이 / 유혜련	5,000원
■ 노블레스 오블리주	현택수 사회비평집	7,500원
■ 딸에게 들려 주는 작은 지혜	N. 레흐레이트너 / 양영란	6,500원
■ 미래를 원한다	J. D. 로스네 / 문 선·김덕희	8,500원
■ 바람의 자식들—정치시사칼럼집	현택수	8,000원
■ 사랑의 존재	한용운	3,000원
■ 산이 높으면 마땅히 우러러볼 일이다　유 향 / 임동석		5,000원
■ 서기 1000년과 서기 2000년 그 두려움의 흔적들　J. 뒤비 / 양영란		8,000원
■ 서비스는 유행을 타지 않는다	B. 바게트 / 정소영	5,000원
■ 선종이야기	홍 희 편저	8,000원
■ 섬으로 흐르는 역사	김영회	10,000원
■ 세계사상	창간호~3호: 각권 10,000원 / 4호: 14,000원	
■ 손가락 하나의 사랑 1, 2, 3	D. 글로슈 / 서민원	각권 7,500원
■ 십이속상도안집	편집부	8,000원
■ 얀 이야기 ① 얀과 카와카마스	마치다 준 / 김은진·한인숙	8,000원
■ 어린이 수묵화의 첫걸음(전6권)	趙 陽 / 편집부	각권 5,000원
■ 오늘 다 못다한 말은	이외수 편	7,000원
■ 오블라디 오블라다, 인생은 브래지어 위를 흐른다　무라카미 하루키 / 김난주 7,000원		
■ 이젠 다시 유혹하지 않으련다	P. 쌍소 / 서민원	9,000원
■ 인생은 앞유리를 통해서 보라	B. 바게트 / 박해순	5,000원
■ 자기를 다스리는 지혜	한인숙 편저	10,000원
■ 천연기념물이 된 바보	최병식	7,800원
■ 原本 武藝圖譜通志	正祖 命撰	60,000원
■ 테오의 여행 (전5권)	C. 클레망 / 양영란	각권 6,000원
■ 한글 설원 (상·중·하)	임동석 옮김	각권 7,000원
■ 한글 안자춘추	임동석 옮김	8,000원
■ 한글 수신기 (상·하)	임동석 옮김	각권 8,000원

【만 화】

■ 동물학	C. 세르	14,000원
■ 블랙 유머와 흰 가운의 의료인들	C. 세르	14,000원
■ 비스 콩프리	C. 세르	14,000원
■ 세르(평전)	Y. 프레미옹 / 서민원	16,000원
■ 자가 수리공	C. 세르	14,000원

東文選 現代新書 50

느리게 산다는 것의 의미 1, 2, 3

피에르 쌍소

김주경 옮김

"삶의 길을 가는 동안 나 자신을 잃어버리지 않을 수 있는 능력과 세상을 받아들일 수 있는 능력을 확고히 심어주는 책"

우리에게 다가오는 사건을 기쁘게 받아들일 수 있는 능력을 갖기 위해서 필요한 지혜가 있다. 그것은 갑자기 달려드는 시간에게 허를 찔리지 않고, 허둥지둥 시간에게 쫓겨다니지도 않겠다는 분명한 의지로 알 수 있는 지혜이다. 우리는 그 지혜를 '느림' 이라고 불렀다.

느림은 우리에게 시간에다 모든 기회를 부여하라고 속삭인다. 그리고 한가롭게 거닐고, 글을 쓰고, 타인의 말에 귀를 기울이고 휴식을 취함으로써 우리의 영혼이 숨쉴 수 있게 하라고 말한다. 여기서 문제되는 느림 또는 고요함은 세계에 접근하는 방식의 문제이다. 그것은 빠른 속도로 박자를 맞추지 못하는 무능력을 의미하는 것이 아니라 서두르지 않는 의지, 시간이 뒤죽박죽되도록 허용치 않는 의지, 그리고 사건들을 대하는 능력을 배양하는 것과 우리가 어느 길에 서 있는지 잊지 않는 것을 의미한다. 물론 과업은 시간성을 어긋나게 하거나 우리의 생에서 가장 본질적이고 중요한 것을 잊게 하지 않는다면, 어느 정도 들볶이거나 바쁘기도 하면서 우리에게 더 유익하게 다가올 수도 있는 것이다. '느림' 과 '빠름' 은 가치 비교의 문제가 아니라 선택의 문제라는 것이다.

책은 마치 천천히 도심을 거니는 게으름뱅이의 일기처럼 쉽고 편안하게 씌어져 있다. 누구나 한번쯤은 생각해 봤을 법한 '우리는 왜 이렇게 살고 있는 것일까' 란 보편적인 주제를 다룬다.

東文選 現代新書 126

세 가지 생태학

펠릭스 가타리

윤수종 옮김

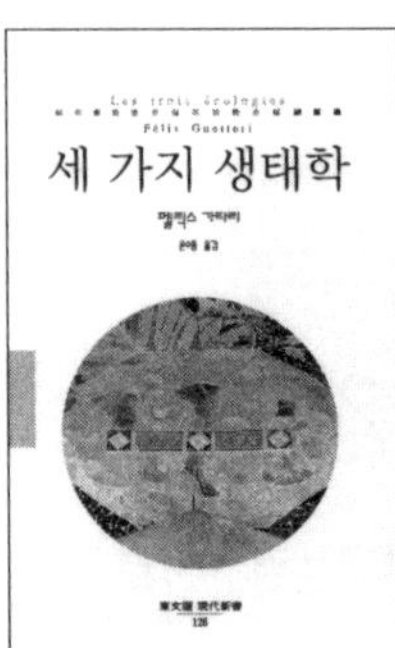

인간의 혹성(지구)이 말려 들어왔던 생태적 드라마는 오 랫동안 체계적으로 무시되었다. 이러한 시기는 이제 지나 갔다. 생태적 ‘사건들’의 반복에 과잉 반응을 보이는 매체 들을 통해서 국제적인 견해가 점점 더 동원되고 있다. 모 든 사람이 오늘날 생태학을 이야기한다. 정치가들, 기술 관료들, 산업가들……. 안타깝게도 항상 단순한 ‘공해’의 측면에서.

혹은 생태적인 환경 교란은 이 혹성 위의 사회에서 살아 가고 존재하는 방식과 관련하여 가장 심각하고 가장 고려 해야 할 나쁜 것 가운데 가시적인 부분일 뿐이다. 환경생 태학은 윤리-정치적인 성격을 지닌 생태철학을 통해서 사 회생태학 및 정신생태학을 함께 생각해야 할 것이다. 기능 적으로 이질적인 영역들을 대체하는 하나의 이데올로기하 에 자의적으로 통일하는 것이 아니라, 새로운 과학 기술적 맥락과 새로운 지정학적 좌표 안에 개인적이고 집합적인 주체성을 혁신적으로 재조성하는 실천들을 서로 지지하게 만드는 것이 중요하다.

東文選 文藝新書 206

문화 학습 – 실천적 입문

주디 자일스 / 팀 미들턴
장성희 옮김

이 책은 문화 연구의 핵심 개념들을 소개하는 개론서로, 특히 문화 연구라는 주제를 처음 접하는 사람들을 위해 쓰여졌다. 저자들이 선택한 독서들과 활동·논평들은 문화 연구의 장을 열어 주고, 문화지리학·젠더 스터디·문화 역사 분야에서의 새로운 작업을 결합시킨다.

제I부는 문화와 문화 연구에 대한 다양한 해석들에 관한 논의로 시작해서 정체성·재현·역사·장소와 공간에 대한 탐구로 이어진다. 제II부에서는 논의를 확장시켜서 고급 문화와 대중 문화, 주체성, 소비와 신기술을 포함한 좀더 복잡한 주제들을 소개한다. 제I부와 제II부 모두 추상적 개념들을 경험적 자료들에 적용시키는 방법과 문화 분석에 있어 여러 학제적 접근 방법의 중요성을 예시해 주는 사례 연구들로 끝을 맺는다.

중요 이론가들과 논평가들의 저서에서 발췌한 인용문들이 텍스트와 결합되어 학생들이 주요 관건들·이론들·논쟁들에 접근하도록 돕는다. 이 책 전반에 등장하는 연습과 활동은 독자들로 하여금 제시된 문제들을 분석적으로 생각하게 고무한다. 심화된 연구와 폭넓은 독서를 위해 서지·참고 문헌·권장 도서 목록을 함께 실었다.

이 책은 그 다양성을 통해 문화 연구에 관한 지속적인 관심과 이해의 초석이 될 것이다.

주디 자일스는 리폰 & 요크 세인트 존 칼리지에서 문화 연구·문학 연구·여성학을 강의하고 있으며, 팀 미들턴은 리폰 & 요크 세인트 존 칼리지에서 문학 연구와 문화 연구를 강의하고 있다.

나비가 되어 날아간 한 남자의 치열하고도 아름다운 생의 마지막 노래. 세상에서 가장 아름답고도 애절한 이야기가 비틀스의 노래와 함께 펼쳐진다.

잠수복과 나비

장 도미니크 보비 / 양영란 옮김

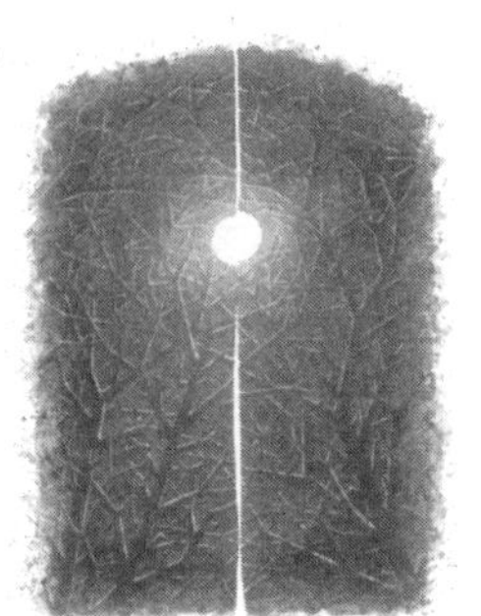

장 도미니크 보비. 프랑스 《엘르》지 편집장. 저명한 저널리스트이며 두 아이를 둔 자상한 아버지. 멋진 말을 골라 쓰는 유머러스한 남자. 앞서가는 정신의 소유자로서 누구보다도 자유를 구가하던 그는 1995년 12월 8일 금요일 오후 갑작스런 뇌졸중으로 쓰러졌다. 3주 후 의식을 회복했으나, 그가 움직일 수 있는 것은 오직 왼쪽 눈꺼풀뿐. 그로부터 그의 또 다른 인생, 비록 15개월 남짓에 불과한 '새로운' 인생이 시작되었다.

유일한 의사 소통 수단인 왼쪽 눈꺼풀을 20만 번 이상 깜박거려 15개월 만에 완성한 책 《잠수복과 나비》. 마지막 생명력을 쏟아부어 쓴 이 책은, 길지 않은 그의 삶에서 일어났던 일화들을 진솔하게 묘사하고 있다.

그러나 그의 이야기는 유머와 풍자로 가득 차 있다. 슬프지만 측은하지 않으며, 억지로 눈물과 동정을 유도할 만큼 감상적이지도 않다. 오히려 멋진 문장들로 읽는 이를 즐겁게 해준다. 그리하여 살아남은 자들에게 희망과 용기를 주며, 삶의 그 모든 것들이 얼마나 소중한가를 새삼 일깨워 준다. 아무튼 독자들은 이제껏 경험해 보지 못한 진한 감동과 형언할 수 없는 경건함을 맛보게 될 것이다.

《잠수복과 나비》는 출간되자마자 프랑스 출판사상 그 유례가 없는 엄청난 베스트셀러가 되었으며, 보비는 자기만의 필법으로 쓴 자신의 책을 그의 소중한 한쪽 눈으로 확인한 사흘 후 옥죄던 잠수복을 벗어던지고 나비가 되어 날아갔다. 자유로운 그만의 세계로……

국영 프랑스 TV는 그의 치열하고도 아름다운 마지막 삶을 다큐멘터리로 2회에 걸쳐 방영하였으며, 프랑스 전국민들은 이 젊은 지식인의 죽음 앞에 최대한의 존경과 애도를 보냈다.